Professional

네일아트

이은경 · 이애순 · 박선희 · 황선순
박규미 · 김남희 · 명은진 共 著

Professional

Nail Art

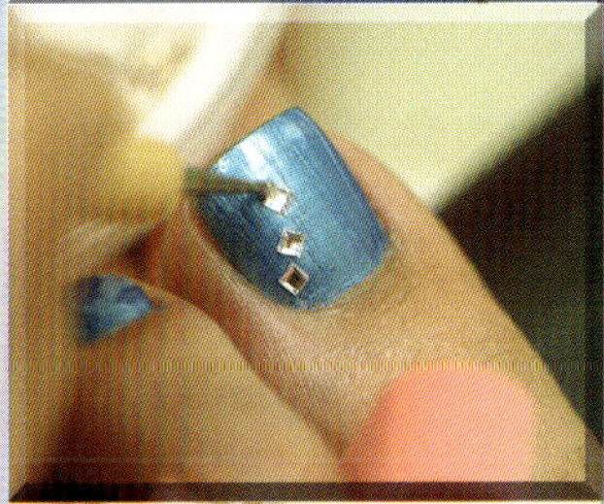

光文閣

intro 추천사

아름다움이란 인간이 존재하는 한 영원히 추구하는 하나의 신비의 세계이다.

주관적이라 서로 미에 대한 기순이 다르지만 다같은 공동분모를 가지고 있다. 물질적으로 풍요로워질수록 인간들은 미에 대한 관심이 커져가고 있다.

하루를 살더라도 멋지고 즐겁게 살고자 하는 것이 새 시대에 사는 사람들의 최상의 목표이기도 하다.

그러나 아쉽게도 미에 대한 우리의 욕망에 비해 아직까지도 과학적인 체계와 접근이 부족한 상태이다.

미에 대한 모든 분야에서 정확한 개념과 이론에 바탕을 두고 시행되고 있지는 못한 현실이다.

이에 여기 저자들이 이러한 부족함을 조금이나마 메우고자 현장경험을 토대로 이 책을 편 것은 큰걸음을 위한 하나의 중요한 발자취로 보여 가슴 뿌듯함을 금할 수 없다.

미용인들에도 이 책이 조금이나마 도움이 되고 아름다움을 추구하는 여러 사람들에게도 많은 도움을 주었으면 하는 바람이며, 다시 한번 저자들의 노고에 심심한 사의를 표하는 바이다.

포천 중문의대 차병원 피부과학교실
주임교수 김두한

intro 머리말

미용산업은 삶의 근본인 의 · 식 · 주 산업 다음으로 우리에게 반드시 요구되는 산업이라 할 수 있다.

네일 문화는 현대 문명사회에서 파생되는 눈부신 발전을 거듭하면서 미용분야로 자리잡고 있다.

네일은 여성을 더욱 건강하고 아름답게하며 세련미 넘치는 교양인으로 업그레이드, 심적인 만족감까지 안겨주는 문화의 척도라 해도 지나친 말이 아니다.

현대 첨단사회에서 빠른 속도로 확산되는 분야가 바로 네일 분야이다. 네일아트는 첨단산업사회, 문명사회에서 미용분야를 리드하는 선두주자라고 해도 손색이 없다.

현재와 같이 발전하는 네일 산업을 어떻게 하면 지속적이며 안정적으로 유지할 수 있는가를 연구해야 할 때라 생각한다. 그러기 위하여 많은 것이 요구되지만, 이 교재를 통해 미용관련 학교에서 도움이 되길 바라며, 우리의 네일 교육은 서비스 산업중 하나인 만큼, 자신의 삶의 수준을 향상시키고자 하는 욕구에서 우리를 찾기에 네일 산업 종사자 여러분 모두에게 장인정신을 강조하고 싶다.

각 분야에서 자신의 능력을 다해 최선을 다하고 또한 그 능력 배양을 위해 노력하며 창조적 사고를 바탕으로 신기술 개발에 주력할 때 우리 네일 산업은 거듭 발 전할 수 있을 것이다.

이 교재가 출판되기까지 도움을 주신 광문각 박정태 사장님께 감사드리며, 부족한 부분은 보안 수정할 것을 약속드린다.

2004년 2월 저자 일동

contents 차 례

제5부 네일 기술 사업

제 1 부 전문인의 자세

01 당신의 전문 직업인으로서의 인상

1. 개론

당신이 성공적인 네일 디자인이라고 한다면, 당신은 아마도 능숙한 매니큐어와 자연스럽게 보이는 인공 네일 작업 또는 독창적인 페이팅 작업을 충분히 해나갈 수 있을 것이다. 당신은 전문적인 직업인으로 어떻게 행동할 것인가도 알게 될 것이다. 당신은 고객, 고용주 그리고 동료들 간에 직업적 행동요령에 따라 행동하게 될 것이다. 당신은 또한 아주 좋은 개인 건강과 정돈된 습관을 기르게 될 것이다. 본 장에서는 네일 디자이너로서의 전문적인 지침을 공부하게 된다. 즉 이 지침이란 살롱 내에서 적절한 품행, 직업적 윤리 그리고 네일 디자이너로서의 당신 자신을 여하히 매력적이고 잘 정돈된 모습을 고객에게 보여 줄 것인가 하는 것 등이 포함된다. 만일 당신이 이 지침을 잘 실행한다면 당신의 성공을 이끌어 줄 많은 단골 고객을 확보하게 될 것이다.

2. 직업인으로서의 살롱 품행

살롱 품행이란 당신이 고객, 고용주 그리고 동료들과 같이 일할 때 어떻게 행동할 것인가 하는 것이다.

3. 고객에 대한 직업적 살롱 품행

살롱 품행에 대하여 높은 기준을 설정할 것

당신의 살롱을 안정되고 유쾌한 환경을 만듦으로써 고객이 다시 찾아오고 또 그들의 친구들도 데리고 올 것이다.

① 시간을 지킬 것

당신이 제 시간에 와서 고객을 기다리고 있다면 당신은 아주 안정되고 유능하고 또 고객에게 관심이 많은 것으로 보일 것이다. 만일 당신이 시간에 늦어서 온다면 당신은 잘 정돈되어 있지도 못하고 또 조심성 없는 사람으로 보일 것이다. 이것은 상대방에게 예의가 아니며 고객으로 하여금 불쾌하고 불편하게 할 것이다.

② 준비를 완료할 것

고객이 도착하기 전에 필요한 물건들과 도구들이 완전히 준비되었는가 확인한다. 또한 소도구들이 소독되었으며 사용할 준비가 다 되어 있는지 확인한다.

③ 하루를 계획할 것

하루에 스케줄은 항상 옆에 두고 매 시간마다 해야 할 일을 점검한다. 그 스케줄이란 고객의 성명, 약속시간, 그리고 전화번호 등이 포함되어야 한다. 고객이 도착하면 바로 이름을 부르며 맞이하고 그 고객에게 무슨 서비스를 할 것인지를 알고 있을 때는 즉시 서비스를 시작함으로써 고객에게 안도감을 주도록 한다.

④ 약속은 조심성 있게 할 것

약속은 각 고객이 충분한 시간을 가질 수 있도록 스케줄을 짤 것. 만일 너무 많은 고객과 약속을 한다면 당신은 그 고객에게 완전한 서비스를 할 수 없게 되며 어떤 사람은 기다리게 하고 어떤 사람에게는 다시 재 약속을 해야 하는 일이 있을 것이다. 만약 예약 받은 사람이 있다면 그 사람에게 당신이 권하는 서비스의 종류와 필요한 시간을 접수하는 사람에게 알려주어야 한다.

⑤ 고객에게 스케줄 변경을 알려줄 것

만일 당신의 스케줄이 늦어지고 있거나 다시 스케줄을 짜야할 필요가 있을 때는 반드시 고객에게 미리 알려주어야 한다. 그러면 그들은 당신의 정직성에 고마워할 것이며 시간 낭비하지 않는 것에 기뻐할 것이다.

⑥ 예의 바르게 할 것

명랑하고 친절하고 협조적인 행동을 취할 것. 이러한 행동은 당신이 그들에게 관심을 보이고 있음을 말해 줄 것이다. 당신이 서비스를 개시하기 전에 고객으로 하여금 아주 편하고 안정된 기분이 되도록 한다. 그들이 코트를 벗는 것을 도와주거나 앉아야 할 곳을 안내한다. 처음 오는 고객이라면 살롱 내부도 소개하고 화장실이나 전화 있는 곳도 알려준다. 또한 그들에게 앞으로 예약하는 방법, 스케줄의 변경방법, 그리고 당신의 살롱에서의 어떤 형태의 지불방법을 택하는지도 알려준다.

⑦ 모든 일을 즐겁고 효과적으로 할 것

고객으로 하여금 그들의 약속이 당신에게 불편을 주고 있다는 생각을 갖지 않게 할 것

⑧ 고객과 대화를 나눌 것

당신이 그 고객에게 이제부터 어떤 서비스를 할 것인가 또는 그 서비스를 할 것인가 또는 그 서비스를 위해 소요되는 물건 등을 소개해준다. 또한 그들이 관심 갖고 있는 것에 관하여 주의 깊게 경청하고 그들의 질문에 답해준다. 항상 고객에게는 겸손한 태도를 취해야 한다.

⑨ 고객과 입씨름이나 불평을 하지 말 것

항상 직업적인 대화를 나누도록 노력할 것. 네일 서비스를 하는 동안 당신이 지금 무엇을 하고 있으며 왜 하는지를 설명할 것. 고객에게 도움이 될 수 있도록 다른 살롱의 서비스나 물건 등에 대해서도 권해주고 의논도 해줄 것

⑩ 사려를 분별할 것

고객과는 당신의 사생활 문제나 다른 고객, 동료들 혹은 고용주 등의 사생활에 대해서는 이야기를 피하도록 한다. 다만 고객의 필요로 하는 것에만 전념할 것

⑪ 고객이 보는 앞에서 껌을 씹거나, 담배를 피우거나 혹은 음식물을 먹지 말 것

이러한 습관은 고객으로 하여금 몹시 불쾌하게 할뿐더러 흡연은 살롱 내에서 사용되고 있는 화학물질에 위험하기도 할 것이다.

4. 고용주와 동료들에 대한 직업적 살롱 품행

고용주나 동료들과 긴밀하게 협조하여 일한다는 것은 매우 중요한 일이다. 왜냐하면 이렇게 함으로서 건전하고 성공적인 살롱으로 육성될 것이며 이제 곧 당신의 장래가 보장되는 길이기 때문이다. 경쟁에서 이기기 위해서는 모든 직원이 협동하여 일해야 할 것이다. 고객으로 하여금 당신에 살롱으로 찾아오는 것을 기쁘게 생각할 수 있는 분위기를 만든다면 그 만큼 그들이 다른 곳으로 가고 싶어지지 않을 것이다. 다음은 고용주나 동료들과 대할 때 지켜야 할 준칙들이다.

① 대화를 나눌 것

고용주와는 솔직하고 정직한 대화를 유지할 것. 당신의 약점과 장점에 관하여는 철저하고 솔직할 것. 당신의 하는 일은 그 살롱의 수준에 맞도록 해야 한다.

② 배우는 자세로 임할 것

모든 충고를 가벼운 마음으로 받아들일 것. 당신이 하는 방법만이 옳은 방법이라고는 생각지 말아야 한다. 네일에 관한 제품이나 기술은 항상 변하고 있으므로 언제나 최선의 기술을 습득할 것.

③ 다른 사람을 칭찬할 것

다른 사람의 아이디어에 대한 당신 자신이 칭찬 받지 말고 다른 사람이 이루어놓은 공로를 인정해 줄줄 알아야 한다.

④ 동료들의 의견을 존중할 것

물론 당신 자신의 아이디어나 조언도 중요하지만 그것이 전부가 될 수는 없는 것이다. 종종 다른 사람들의 아이디어가 가장 좋은 해결책이 되기도 한다.

⑤ 솔선할 것

고용주나 동료들에게 더 좋은 방법 또 더 쉽게 할 수 있는 방법 등을 조언해주고 협조하는 데 주저 말 것

⑥ 겸허할 것

당신이 하는 일에 문제점이나 의문점이 생기면 주저 말고 고용주에게 직접 의논할 것. 고객이나 동료들에게 의논해서는 안 된다.

⑦ 개인적인 문제는 집에 두고 갈 것

당신의 개인적인 문제를 고용주, 동료 혹은 고객에게 말하지 말 것. 개인적인 문제는 훌륭한 작업을 하는데 전념하는 마음을 흐트러지게 한다.

⑧ 고용주나 동료로부터 돈을 꾸지 말 것

이러한 행동은 어색한 작업 분위기를 만들 것이며 결국 동료들로부터의 존경심을 잃게 될 것이다.

⑨ 살롱을 발전시킬 것

머리 손질이나 피부관리 또는 화장법 등 살롱에서 제공되어야 하는 이외의 것도 배워서 고객들의 상담에 응해줌으로써 살롱 전체를 발전시킬 수 있을 것이다.

⑩ 자신의 판매 능력을 키울 것

당신 살롱 내의 제품이나 서비스의 장점을 고객에게 잘 설명해줄 것. 물론 부담을 주어서는 안 된다.

5. 직업인 윤리

직업적 윤리란 고객, 고용주, 동료들과 접촉할 때 바르고 그른 것을 판단할 수 있는 지각인 것이다. 직업적 윤리의 가장 기본은 정직, 공평, 공손, 그리고 다른 사람의 생각이나 권리에 대해 존경할 줄 아는 마음이다.

6. 고객에 대한 직업적인 윤리

고객을 대할 때 올바른 행동은 고객들로부터 좋은 평판을 받게 될 것이다. 그러면 고객은 당신을 믿고 계속 찾아오고 또 친구도 데려 올 것이다. 당신을 존경하고 믿는 고객이 다른 사람에게 당신을 추천하는 일이야 말로 당신을 광고하는 가장 좋은 방법인 것이다.

① 당신의 고객에게 알맞은 서비스를 권해줄 것

고객에게 맞지 않거나 원하지 않거나 혹은 고객에게 해가 되는 서비스를 권해서는 안 된다. 당신이 무엇을 그리고 왜 권하는지를 설명해 줄 것. 그러면 당신의 서비스에 대한 편안한 마음으로 임하게 될 것이다.

② 말한 것은 지키고 해야할 일은 완전하게 끝낼 것

고객과 약속하고 또 고객이 원하는 것은 언제나 완전하게 끝낼 것. 바쁘다고 해서 적당히 하거나 하기 편한 방법으로 대체해서는 안 된다.

③ 모든 고객은 공평하게 할 것

어떤 특정인에게 특별 할인을 한다든지 특별 서비스를 해서는 안 된다.

④ 안전 규정을 준수할 것

⑤ 충실할 것

불평이나 남을 험담, 다른 고객이나 고용주, 동료들에 대한 말을 고객에게 하지 말 것. 왜냐하면 당신이 다른 사람에게 같은 방법으로 그들에 대한 이야기를 할 것이라고 생각하기 때문에 고객은 당신을 믿지 않을 것이다.

⑥ 다른 사람을 비평하지 말 것

다른 사람이나 다른 살롱에서 한 서비스에 대해 비평을 하지 말 것. 비록 고객이 다른 사람이나 다른 살롱의 서비스에 대한 이야기를 할지라도 듣기만 하고 중립을 지키도록 할 것.

⑦ 당신의 고객을 단념하지 말 것

당신이 매니큐어링 직업을 떠나거나 혹은 다른 분야로 옮기더라도 당신의 고객들에게 당신이 믿을 수 있는 다른 네일 디자이너를 추천해 주거나 충분한 시간적 여유를 가지고 통보를 해줌으로서 그들이 다른 네일 디자이너를 찾을 수 있도록 해주어야 한다. 만일 당신이 많은 단골 고객을 가지고 있다면 다른 동료를 교육시켜 주는 방법도 생각해야 한다. 즉 고객의 불편을 최소한으로 줄여줄 수 있는 방법을 모색해야 한다.

7. 네일을 우선

당신의 네일 용모보다 더 이상 당신의 비지니스를 발전시켜 줄 수 있는 것은 없다. 당신의 잘 정돈된 네일과 건강하게 보이는 큐티클(CUTICLE, 손톱뿌리 부분을 덮은 피부)은 당신의 비지니스를 발전시키는데 큰 도움을 줄 것이다. 조각나서 가지런하지 못한 네일은 고객의 신뢰를 받을 수 없다. 그러면 일상생활에서 어떻게 당신의 손톱을 잘 유지할 것인가? 일을 하는 동안 프라이머(PRIMER), 본다(BONDER), 또는 다른 화학물질을 만질 때 반드시 장갑을 사용하기 전에 손에 로션을 발라 줘 장갑이 로션에 밀착되 이런 화학물질들의 침투를 막도록 한다. 당신 네일의 폴리시(POLISH)가 손상되지 않게 하기 위해서 네일에 클리어 폴리시(CLEAR POLISH)만을 칠한다. 그리고 고객의 큐티클(CUTICLE)에서 폴리시(POLISH)를 제거할 때 당신의 손톱 끝을 사용하지 말 것. 폴리시 제거제(POLISH REMOVER) 속에 담겨있는 끝에 솜이 붙어 있는 오렌지우드 스틱(ORANGE WOOD-STICK)을 사용하면 될 것이고 당신의 네일도 잘 보호될 것이다.

8. 고용주와 동료들에 대한 직업적인 윤리

고용주나 동료들의 노력이나 사기를 돋우어 줄 수 있는 직업적인 윤리행동을 함으로써 당신은 살롱의 성공에 기여하게 되며 당신의 살롱이 성공할 때 당신도 따라 성공하는 것이다.

① 정직할 것

당신의 실수에 대하여 동료를 탓하지 말 것. 당신 자신의 행동에 대하여는 당신이 책임을 져야 한다.

② 의무를 다할 것

고용주나 동료들과의 약속을 반드시 지킬 것. 당신의 휴일에 어떤 고객의 서비스를 도와주기로 했는데 그 약속을 지킬 수 없게 되었을 경우는 반드시 그 시간 전에 고용주나 동료에게 통보해 줄 것. 그리고 혹시 도움을 줄 수 있는 다른 방법이 있는지 물어 볼 것

③ 고용주나 동료들의 재능에 대하여 존경을 표할 것

그들이 좋은 솜씨의 일을 했을 때는 서슴없이 격려하고 칭찬할 것. 어떤 비평을 하지 말도록 노력할 것

④ 동료들에 대한 비평에 동조하지 말 것

어떤 고객이 당신에게 다른 동료를 비평하더라도 동조하지 말 것. 당신은 결코 그 전체적인 사항을 잘 모를 뿐더러 또한 당신이 해야 할 일은 아니기 때문이다. 고객에게 직접 관계되는 당사자에게 말하도록 권할 것. 절대로 남이 한 일에 대하여 비평하지 말 것. 당신이 한 일과 그 수준은 당신의 솜씨 자체가 말해주는 것임. 만일 다른 사람이 한 것이 아주 잘못 되었다면 꾸짖지 말고 다시 고쳐줄 것을 권해야 한다.

⑤ 동료들 간의 소문이나 험담 같은 것을 하지 말 것

어떤 사람은 마치 이전 행동이 자기 자신이 앞세우는 것으로 생각하는 사람이 있는데, 이것은 당신을 나쁜 사람으로 인식시킬 것이며 또한 공동생활에서 당신을 고립시킬 뿐이다.

9. 당신의 직업적인 용모

당신은 몸차림이 잘되어 있는 모델이 되어야 한다. 고객과 같이 있는 것을 즐거워하고 있다는 것을 느끼게 할 것. 당신이 정결하고 좋은 냄새를 풍김으로서 고객이 네일 서비스를 받는 동안 거부감없이 유쾌하게 하여야 한다.

① 깨끗하고 상쾌하게 할 것. 매일 목욕이나 샤워를 하고 좋은 방취제를 사용할 것

② 상쾌한 숨을 쉬고 건강한 치아를 가질 것. 당신의 숨 냄새가 상쾌한가를 확인하고 일하는 날은 마늘이나 기타 매운 것을 먹어서 나쁜 냄새가 나지 않도록 할 것. 치아나 잇몸을 잘 닦고 치과의사의 진단을 받아서 건강하게 유지할 것

③ 살롱에서는 적절하고 깨끗한 옷을 입을 것. 항상 깨끗하고 잘 다려진 옷을 입을 것. 최고의 멋을 낼 수 있으면서도 요란하지 않고 일하기에 편안한 옷을 입을 것

④ 머리, 피부, 그리고 네일에 관심을 가질 것. 당신의 머리는 잘 정돈 되었는지, 자연스러운 화장은 하고 있는지, 네일은 잘 매니큐어 되어 있는가를 확인할 것

02 박테리아와 기타 감염 요소

1. 개론

네일 디자이너라는 직업은 별로 위험한 것이 아니라고 생각하지만 적절한 위생 대책 없이는 박테리아, 바이러스, 진균, 곰팡이 그리고 기생충으로부터 감염될 수 있는 위험한 직업이다. 네일 서비스를 하는 동안 감염될 수 있는 것은 일상적인 종기로부터 손톱을 잃어버릴 수 있는 진균이나 생명을 위협하는 에이즈(AIDS) 바이러스에 이르기까지 다양하다. 당신은 감염이 무엇이며 어떻게 퍼져 나가는지를 배움으로써 적절한 위생 방법과 더불어 유효한 예방책을 쓸 수 있을 것이다.

2. 박테리아

박테리아는 한 개의 세포로 이루어진 미생물로 너무 작아 현미경으로만 볼 수 있다. 1,500개가 모여야 겨우 핀 끝에 커버될 수 있을 정도다. 단 1그램의 오물소에 25억 마리의 박테리아가 내포될 수 있다. 박테리아는 이 지구상에서 가장 많은 유기체이다. 지구상에서는 15,000종류의 박테리아가 있는 것으로 알려져 있으며 거의 모든 곳에 존재하며 굉장한 속도로 번식된다. 한 개의 박테리아 세포가 반나절 동안에 16,000,000마리로 번식된다. 박테리아는 물, 공기, 먼지, 린트천 그리고 섞어 가는 물건에서도 발견된다. 또한 몸의 피부, 몸의 분비물, 옷, 매니큐어 테이블, 당신의 소도구, 그리고 손톱 밑에도 있다.

1) 박테리아의 종류

박테리아는 그들이 유효한 것인가 해로운 것인가에 따라 두 가지 형태로 구분할 수가 있다.

① 비병원체 박테리아는 우리에게 해를 끼치지 않으며 때로는 오히려 유익한 것이다. 약 70%의 박테리아는 비병원체 박테리아이다. 이들 박테리아는 부패시키거나 분해시키는데 중요한 역할을 한다. 이들은 쌔프로화이트(SAPROPHYTE 식물균류) 그룹에 속하며, 이는 죽은 것에 서식하여 그것을 썩게 하는 것이다. 비병원체 박테리아는 음식물이나 산소를 생산하는데 도움이 된다. 어떤 것들은 토양을 증진시키는 비료의 합성물에 사용된다. 인간에게는 입안과 장기 내에 가장 많이 있으며 음식물을 분해시켜 소화작용을 돕게 한다.

② 병원체 박테리아는 아주 위해하다. 비록 30%의 박테리아만이 병원체 박테리아라고 할지라도 이들은 인간의 감염과 질병의 가장 많은 원인이 되고 있는 것이다. 이들 병원체 박테리아는 또한 미생물(MICROBES) 혹은 세균(GERMS)라고도 불리운다. 이들은 살아있는 식물이나 동물의 조직에 침입하여 그 살아있는 것에서 서식한다. 그들은 신속히 번식하며 그들이 침입한 조직 속에도 독소나 유해물질을 발생시켜 질병을 확산시킨다.

2) 병원체 박테리아의 구분

이 병원체 박테리아에는 3가지 주 그룹이 있다.

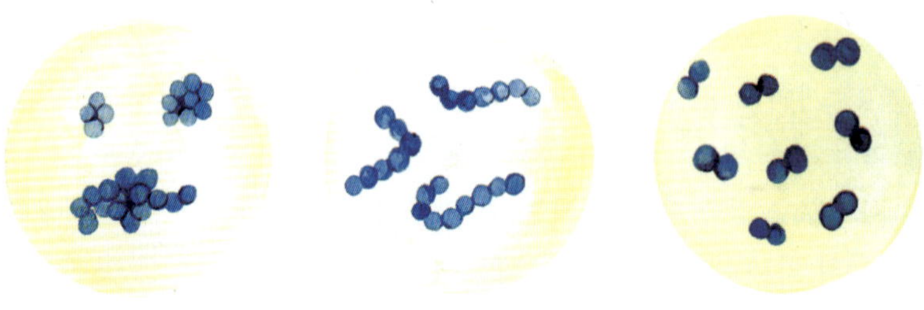

그림 1 세균의 배열

(1) 콕싸이(COCCI 구균)

이들은 둥근 형태이며 고름을 생기게 한다. 킥싸이는 단독적으로 나타나며 집단적으로도 나타난다.

① 스타필로 콕싸이(STAPHYLO COCCI)는 무리를 지어 서식하며 주로 국부적인 감염에 나타난다. 종양, 종기 혹은 농포
② 스트렙토 콕싸이(STREPTO COCCI)는 체인 식으로 서식하며 목병을 생기게 하거나 온 몸에 퍼져 폐혈증이나 류마티즘 열을 일으키게 한다.
③ 디프로 콕싸이(DIPLO COCCI)는 두 개씩 쌍으로 서식하며 폐렴 등을 발생시킨다.

(2) 바실리(BACILLI ; 간상균)

이 박테리아는 가장 흔한 것으로서 어린 나뭇가지 형을 하고 있으며 파상풍, 임프렌자, 장티부스, 폐결핵 및 디프테리아 같은 것을 유발한다.

(3) 스피리라(SPIRILLA ; 나선균)

이것들은 나선 형태의 박테리아로서 나선 형태를 하고 있다. 또는 콜크 스크류(병마개 따는 것)라고도 한다. 한가지 예를 들면 트리포네마 파리다(TREPONEMA PALLIDA)라고 해서 매독 같은 것을 유발시킨다.

그림 2 세균의 형태

3) 박테리아의 성장과 번식

박테리아는 따뜻하고, 어둡고, 습기가 있는 곳에서 서식하고 성정하고 번식한다. 당신

의 매니큐어링 테이블 서랍 속의 위생처리가 안된 소도구는 박테리아가 번식하기에는 가장 좋은 곳이 된다. 박테리아나 박테리아의 세포는 성장과 번식의 능력이 있다. 이 박테리아는 영양을 섭취함에 따라 일정 크기로 성장하게 된다. 이것이 완전히 성장하면 똑같은 2개의 세포로 나누어진다. 이러한 분리 현상을 유사분열(MITOSIS)라고 한다. 이 세포들은 계속 성장하여 다시 분열하여 4개의 세포로 된다. 한 개의 박테리아는 12시간 내에 1600만 개까지 늘어 날 수 있는 것이다.

박테리아는 성장과 번식에 적절하지 못한 조건이면 아포(SPORE)라고 하는 딱딱한 껍데기를 형성시킨다. 이것은 잠자는 상태나 휴식 상태가 되는 것이다. 엔즈락스(ANTHRAX)나 테타너스(TETANUS)같은 박테리아의 아포(SPORE)는 먼지 속에서 날아다니게 되고 소독이나 어떤 열이나 또는 추위로 인해 사람에게 해를 끼치지 못하다가 좋은 조건에 도달하게 되면 다시 성장하고 번식을 시작하게 된다.

4) 박테리아의 이동

박테리아는 쉽게 이동한다. 그들은 공기나 물에 분산되거나 또는 오염된 어떤 물에 붙어서 이동된다. 바실리(BACILLI)나 스피리라, 이 두 박테리아만이 자기 자신을 추진시킬 수 있다. 이들은 후라젤라(FLAGELLA) 혹은 씰리아(SILIA)라고 하는 아주 가는 털 같은 발사기를 가지고 있으며 이것으로 그들은 채찍질하는 모션으로 추진하게 된다.

3. 바이러스(VIRUSES)

바이러스는 병원체 균으로서 박테리아보다도 몇 배나 작은 것이다. 바이러스는 건강한 세포로 들어가서 완성되고 번식하며 때로는 세포를 파괴시키기도 한다. 간장염, 수두, 인렌자, 홍역, 유행성이하선염(MUMPS), 그리고 일반적인 감기는 이 바이러스성 감염이며 이것은 감염되어 있는 사람과 우연히 접촉함으로서 옮아갈 수도 있다. 이 감염은 사람이 재채기를 하든지 기침을 함으로서 퍼져 나간다.

1) 후천성 면역 결핍증(AIDS)

AIDS는 HIV라는 바이러스에 의해 유발된다. AIDS는 인체에 침입하여 결국은 면역 조직을 파괴하게 된다. 이 병은 감염된 상태에서 10년까지 잠복할 수가 있으나 결국은 2년에서 10년 사이에 치명적인 상태가 될 수 있을 정도로 완전 성장하게 된다.

대부분의 다른 바이러스와는 달리 HIV는 감염된 사람과의 접촉, 즉 재채기나 기침 등으로는 전염되지 아니한다. AIDS는 육체적인 유동체 즉 정액이나 혈액으로 다른 사람에게 옮겨지는 것이다. AIDS가 전염되는 가장 보편적인 방법이란

(A) 감염된 사람과의 육체관계
(B) 마약을 맞기 위한 정맥 주사바늘
(C) 가염된 혈액 수혈

등을 통해 감염된다. AIDS는 또한 모체로부터 아이에게 임신중이나 출산시에 전염된다. AIDS는 살롱에서 위생 처리되지 않는 매니큐어링 소도구를 통해서도 옮겨질 수도 있다. 만일 당신이 AIDS에 감염된 사람의 큐티클(CUTICLE 손톱 뿌리를 덮은 피부)을 자른다고 하면 당신의 큐티클 니퍼로 혈액이 옮거질 것이고 그것으로 다른 고객의 것을 자른다면 감염된 AIDS의 혈액이 다른 사람에게 옮겨질 것이다.

2) 펑거스와 몰드(진균과 사상균)

펑거스(진균류)라 함은 일반적으로 모든 종류의 진균과 사상균을 포함하는 단순 기생물을 말한다. 네일 살롱에서는 네일 펑거스와 네일 몰드가 있다. 이들은 둘 다 전염성이 있는 것이다. 이것들은 고객의 네일에서 네일로 또는 고객의 네일에서 네일 디자이너에게로 퍼져나가기도 한다.

(1) 네일 펑거스(NAIL FUNGUS)

네일 펑거스는 주로 네일에서 번색된 것으로 나타나 큐티클 쪽으로 퍼져 나간다. 그 상태가 심해지면 그 변색된 것이 더욱 검게 변한다. 손, 발 그리고 네일 펑거스 고객은 의사에게 알려 주어야 한다.

(2) 네일 몰드(NAIL MOLD)

네일 몰드도 네일 펑거스와 같은 상태로서 위생처리가 되지 않는 자연 네일이나 상품화된 제품 즉 팁(TIP), 랩(Wraps), 젤(gels), 혹은 아크릴 네일에 습기가 남아 있을 때 발

생된다. 네일 몰드는 처음에 황록색 반점으로 나타나므로 일찍 발견할 수 있고 심해지면 점점 검게 나타나게 된다. 이것에 감염되어 일정 기간이 지나면 퇴색된 곳이 아주 까맣게 되고 네일은 유약해지며 나쁜 냄새가 난다. 이런 경우라면 그 네일은 떨어져 나가게 될 것이다.

(3) 자연 네일의 노출

네일 펑거스나 네일 몰드에 감염된 고객의 네일 서비스는 안해야 된다. 만일 고객은 자기의 자연 네일을 노출시키고자 그 위에 덮인 인공 네일을 제거해 주기를 원하면 인공 네일을 제거시킨 다음에 고객에게 의사에게 가 보도록 권한다.

인공 네일 제거 작업 중에는 반드시 장갑을 껴야하며 제품의 설명대로 따라야 한다. 인공네일을 제거한 후 오렌지우드 스틱(ORANGE OOD STIC)이나 기타 그 작업에 사용된 제품들은 즉시 버려야 한다. 그 작업을 하기전에 한 다음에는 모든 소도구와 린넨(LININ 광목천)들은 완전 위생 처리되어야 한다.

(4) 예방

네일 몰드나 펑거스는 위생적 예방법에 따름으로서 피할 수가 있다. 네일이 퇴색되어 있는 고객은 서비스를 하지 말아야 한다. 인공 네일 서비스를 할 때는 위생 처리 단계를 생략하거나 적당히 해서는 안 된다.

3) 페라싸이트(PARASITE)

페라싸이트(PARASITE)는 다세포의 동물성 혹은 식물성 기생균이다. 이들은 살아있는 생명체에 떨어져서 기생하면서 그 주체에게는 아무런 이익을 주지 못한다. 예를 들면 식물성 페라싸이트의 감염은 버짐이다. 동물성 페라싸이트는 옴벌레 혹은 이 같은 전염병을 발생시킨다.

4) 리켓씨아(RICKETTSA)

리켓씨아(RICKETTSA)는 박테리아보다는 훨씬 작고 바이러스보다는 큰 조직이다. 이들은 발진티푸스와 록키산반점열병(ROCKY MOUNTAIN FEVER)을 발생시킨다. 벼룩, 진득이 이 등이 리켓씨아를 가지고 있다.

4. 감염의 이해

어떤 감염은 체내의 조직에 박테리아 바리어스 혹은 진균과 같은 병을 일으키는 미생물이 침입함으로서 발생된다. 이 미생물들은 체내의 조직에 서식하면서 번식함으로 조직에 손상을 입히게 된다. 처음 그 감염은 보통 국부적으로 나타나며 이 감염이 혈뇨로 퍼져서 온몸에 옮겨지는 것을 전체 감염이라 한다. 폐혈증은 전체 감염의 한 종류가 된다.

1) 감염에 대한 면역(IMMUNITY TO INFECTION)

모든 생명조직에는 감염에 대한 방어력과 면역성이 있다. 면역성(INNUNITY)란 미생균들이 체내에 침입하면 질병에 저항하고 그 침입된 미생균을 파괴할 수 있는 체내의 능력을 말한다. 질병에 대한 면역성을 가지는 것은 건강하다는 증거이고 이 면역성은 자연적이며, 자연적으로 얻을 수도 있고 인공적으로 얻을 수도 있다.

(1) 자연적인 면역성

우리 몸을 평상시 건강하게 유지함으로써 우리는 그 미생균이 성장하고 질병을 일으키기 전에 그것들과 싸워 이길 수 있다. 우리 인체는 3가지 방법으로 병균들과 싸우는 것이다.

① 우리들의 정상적인 피부에는 이들을 보호하는 보호층이 있다.
② 우리는 자연적으로 땀과 소화액을 분비함으로서 이들 질병을 발생시키는 이들 미생균들의 생식을 저지시킨다.
③ 우리 혈액에는 백혈구와 항독소를 포함하고 있으므로 이것들이 균을 죽이고 또 이들이 발생시키는 독소에 대항하게 된다.

(2) 자연적으로 얻어지는 면역성

질병과 싸우고 난 다음에는 단백질의 미분자와 같은 항체가 혈액 속에 남아 같은 질병을 발생시키는 미생균이 다시 침투할 경우에 대비한다.

(3) 인공적으로 얻어지는 면역성

이 면역성은 인체에 질병을 일으키는 작은 양의 미생물 균을 발생시키는 혈청이다.

백신을 주사함으로 얻어진다. 이 백신은 질병에 대항할 수 있는 체내의 항체를 증가시켜준다.

2) 이 감염체들은 살롱에서 어떻게 번식하는가

대부분의 박테리아, 바이러스, 펑거스, 그리고 다른 질병을 일으키는 균들은 코, 입, 피부의 조그마한 상처 등을 통하여 체내로 들어오게 된다. 또한 당신의 눈이나 귀를 통하여 체내에 침입될 수도 있다. 계속 살롱 안에 있는 이런 균들과 접촉하고 있으므로 당신 자신이 감염될 수도 있고 고객에게도 감염될 수 있다. 전염의 원천은 보통 다음과 같다.

① 오염된 매니큐어링 도구와 기구 박테리아와 다른 종류의 균들은 더러운 네일 파일, 큐티클 니퍼, 매니큐어링 테이블, 그리고 수건 등에서 아주 빠른 속도로 번식된다.
② 고객의 네일, 손, 발 살롱에 찾아오는 새로운 고객은 새로운 균의 무더기를 가지고 오게 된다. 당신이 이 고객에게 서비스를 할 경우 당신은 이 세균에서 감염될 수 있는 위험성이 있는 것이다. 당신이 인공 네일 서비스를 할 때에는 그 고객의 자연 네일과 인공 네일 사이에 이런 균을 묻혀 놓을 위험성이 있다.
③ 고객, 동료, 당신 자신의 입, 코, 눈, 살롱 내에 있는 사람중 기침을 한다거나 재채기를 한다거나 혹은 콧물을 흘리는 사람은 이러한 균의 원천이 된다.
④ 당신이나 고객의 상처나 헌데 감염된 유동체는 상처 난 곳을 통하여 한 사람으로부터 또 다른 사람에게 쉽게 전염된다.
⑤ 전체 살롱 내의 물건들, 살롱 내의 공기에 노출되 있는 모든 것, 즉 의자, 테이블, 타월, 병, 브러시 등에는 세균이 많이 묻어 있다. 그들은 화장실의 물건들, 특히 문의 손잡이에 많이 묻어 있다.

3) 네일 디자이너는 그 감염들과 어떻게 싸울 것인가

당신은 당신 자신과 당신의 고객을 이 감염으로부터 안전하게 지킬 의무가 있다. 여기에 지켜야할 절차는 다음과 같다.

① 적절한 위생 절차를 배우고 이에 따를 것. 이 책의 제3장에 적절한 위생처리 절차가 기술되어 있다. 이 위생 절차를 배우고 또 충실히 따르는 것은 당신과 고객에 대한 당신의 책

임이다. 만일 위생처리를 소홀히 하면 당신은 쉽게 이에 감염될 수 있고 또한 당신의 고객에게 전염시킬 수 있는 것이다.

② 전염 가능성이 있는 조건에서는 작업하지 말 것. 고객이 다른 사람에게 쉽게 전염될 수 있는 보균 상태이거나 감염되어 있을 때는 작업을 하지 말아야 한다. 예를 들면 심한 감기나 인프렌자 혹은 수두 같은 것이 걸려 있는 사람들은 네일 서비스를 받아서는 안 된다. 당신 또한 전염성 보균 상태라면 쉬어야 한다. 이것은 쉽게 고객에게 전염될 수 있기 때문이다.

③ 상처 난 곳 근처에서 작업하지 말 것. 상처가 드러나 있는 고객은 의사에게 가도록 권할 것

④ 상처를 내지 말 것. 네일 서비스를 할 때는 대단히 조심해야 한다. 고객의 큐티클(CUTICLE 손톱 뿌리를 덮은 살)을 자르거나 혹은 너무 깊이 줄 칼질을 할 때는 고객의 피부를 손상시키기 쉽다.

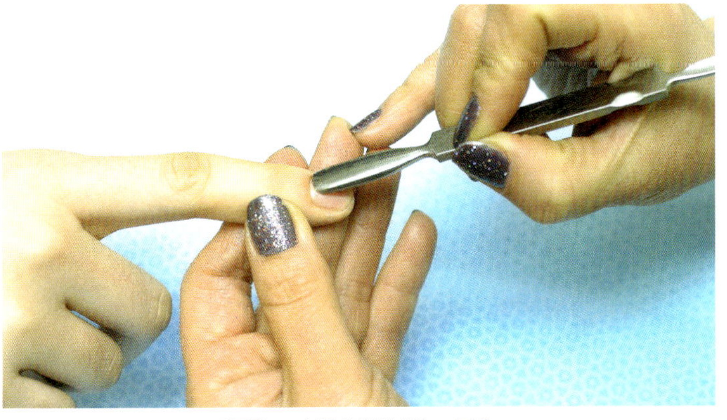

그림 3 네일관리 받는 모습

5. 세일 기간 중 고객을 잡는다

당신의 고객들에게도 그들의 수입을 절약해주는 컷백을 실시하고 있는가? 어떤 살롱에서는 특별 할인 제도를 실시함으로서 예산이 넉넉하지 못한 고객들을 끌고 있다. 일주일에 하루 저녁은 고객들에게 특별 염가로 초대를 하고 또 팁도 없이 네일 서비스를 해주기도 한다. 분위기는 활기있고 생동감 있는 음악과 더불어 아주 흥겹게 한다. 그러면 네일 디자이너는 어떻게 되는가? 염가 제공의 저녁에 만족을 느낀 고객이 정상적인 영업시간에

당신의 고객이 될 수도 있을 것이다. 또한 그렇게 해서 특정한 네일 서비스에 대한 당신의 기술을 향상시킬 수 있는 기회가 될 것이다. 왜냐하면 그 날은 예약이 없고 살롱 매니저가 고객과 디자이너를 맺어주기 때문이다. 당신이 기술을 향상시키고 싶은 부문, 즉 파이버글래스 랩(FIBERGLASS WRAP ; 석면 유리로 싸는 것) 젤 네일 혹은 기타, 하고 싶은 서비스를 원하는 고객과 맺어 줄 것을 부탁할 수 있다. 살롱은 어떻게 되는가? 이렇게 바쁜 날은 염가로 하는 대신 많은 고객을 서비스함으로 보상될 수 있을 것이다.

03 위생

1. 개론

네일 디자이너가 되면 당신은 일반인들을 만지고 마사지하며 그들의 손과 발, 손톱에 유해할 수도 있는 화학물질을 사용하게 된다. 일을 할 때는 언제나 당신이나 고객에게 감염과 부상의 위험성이 있는 것이다. 이러한 위험성은 당신이 사용하는 도구나 장소가 잘 위생처리 되지 못했거나 당신이 화학물질을 적절히 사용하지 못했을 때 발생된다. 감염이나 질병들은 네일 디자이너가 고객과의 신체적인 접촉 과정을 통하여 퍼지게 됨으로 매니큐어링 작업시 엄격한 위생처리가 필요하다. 적당한 위생처리는 당신이 서비스를 하는 동안 다치거나 감염된 사람들로부터 있을지도 모를 고발에 대하여 당신 자신을 보호하는데 도움을 줄 것이다.

위생처리라 함은 무균 상태를 말하는 것이 아니라 어떤 물건을 깨끗이 해서 균들이 그것에 성장함을 방지하는 것을 말한다. 공기나 사람의 접촉 등 모든 것으로부터 완전 봉합된 곳에만 소독 상태가 된다는 것을 알고 있다. 살롱에서 소독한다는 것은 실질적이지 못한 것이다. 그러나 당신은 주위와 도구들을 위생처리 해야 한다. 본 장에서 SANITIZE라 함은 모든 위생처리의 형태를 의미한다.

2. 위생처리 방법

위생 처리에는 2가지 방법이 있다.

① 자외선이나 습성열(MOIST HEAT), 그리고 건열성(DRY HEAT)등 물리적인 물건을 사용하는 위생처리

② 알코올이나 퀏츠(QUATS), 그리고 포마린(FORMALIN)등 화학적인 방법을 사용하는 위생처리

1) 물리적 방법 위생처리

물리적 방법의 위생처리란 자외선과 습성열 그리고 건성열이 포함된다.

(1) 자외선

대부분의 박테리아들은 보이지 않는 자외선에 2시간에서 3시간 이상 노출됨으로써 죽거나 아주 약하게 된다. 살롱이나 학교에서는 도구들을 자외선을 사용하는 전기 방사선에 넣어서 박테리아를 죽인다. 이 자외선은 눈에 해로움으로 당신의 눈의 노출을 보호해야 한다.

(2) 습성열

두 가지의 습성열 방법이 위생처리에 사용된다. 끓이는 것과 스팀임.

끓이는 것은 물이 끓는 212F나 100C에서 박테리아가 살균된다. 이 방법은 늦고 또 기구나 도구, 특히 프라스틱 제품을 손상시킬 우려가 있으므로 살롱에서는 적합하지 못하다. 스팀에 의한 박테리아 살균에는 오토크레이브(AUTOCLAVE)라는 장비가 필요하다. 오토크레이브는 스팀의 압력을 이용하여 위생처리한다. 이것도 기계가 비싸고 또 불편하기 때문에 살롱에서 사용하기에는 부적합하다.

(3) 건성열

강열한 열이나 불에 구움으로서 박테리아를 살균한다.

2) 화학적인 방법에 의한 방법

위생처리하는 방법으로서는 화학적인 물질을 사용하는 것이 가장 효과적이고 또 용

이한 것이다. 이것들은 방부제와 소독제가 있다.

방부제(AI. 습식 위생기NTISEPTIC)는 통상 액체로 되어 있으며 박테리아를 죽이기도 하고 또 성장을 저해하기도 한다. 방부제는 고객의 발이나 손, 그리고 네일에 사용해도 안전하다. 이것은 당신의 도구들을 소독할 정도로 강하지는 못하다. 소독제는 방부제보다 강하다. 이것은 피부에는 사용될 수가 없고 도구를 위생처리 하는데 충분하다. 훈증(FUMIGANT)은 살균제의 한 방법이다. 이것은 건조한 캐비닛의 위생기구로서 사용된다. 어떤 화학물질은 그 강도에 따라 방부제 또는 소독제로 구분된다. 예를 들면 4기 원소 화합물(QUATERNARYCOMPOUND) 혹은 퀏스는 강하게 혼합하여 소독제로 쓰이기도 하고 물을 더 많이 넣어 약하게 혼합하여 방부제로서도 사용된다.

3. 위생처리에 사용되는 기구

위생처리하는 데는 3가지 종류의 기구가 사용된다. 습식 위생기. 즉, 수성 위생기구와 건성/캐비닛 위생기구, 그리고 적외선 위생기구이다.

1) 습식 위생기

소도구가 완전히 잠길 수 있는 충분한 양의 소독 용제를 담을 수 있는 유리기구는 다 습식 위생기로서 사용될 수 있다.

습식 위생기구는 그 속의 소독 용제가 오염되지 않도록 하기 위하여 뚜껑이 있다. 그 소도구들이 건조되면 이것들을 사용할 때까지는 건조/캐비닛 위생기나 완전히 위생처리되고 봉함된 박스나 캐비닛 혹은 서랍에 보관되어야 한다.

2) 건조/캐비닛 위생기구

건조/캐비닛 위생기구는 공기가 밀폐된 캐비닛으로서 그 속에 포말 디하이다(FORMALDEHYDE)라는 정제를 넣어 활성훈증 소독을 시키는 캐비닛이다. 물론 포말디하이드 가스도 살수는 있지만 정제는 기준에 맞추어 만들어 졌으므로 정제가 더 안전하다. 위생처리된 소도구들은 사용될 때까지 그 캐비닛 속에 위생적으로 보관 되어야 한다. 포말디하이드 가스는 강한 냄새가 나며 또한 이것을 사용할 때는 주의를 해야 한다. 그 속의 화학물질은 이틀마다 교환시켜 주어야 한다. 왜냐하면 이틀이 지나면 효력이 약해지기 때문이다.

3) 자외선 전기 위생기

이 형태의 위생기도 사용 시까지 소도구들을 깨끗이 보관하기 위한 위생기이다. 소도구들은 이 자외선 위생기에 넣기 전에 잘 위생처리 되어야 한다. 적절한 사용을 위해서 설명서에 따를 것.

4. 화학 물질의 위생 처리 용제의 비율은 어떻게 하나

당신이 필요로 하는 위생처리의 화학물질 용제를 구입할 수는 있다. 그러나 위생처리를 위한 필요한 강도의 화학 물질 용제를 혼합시키는 공식은 알고 있어야 한다. 다음 공식에

용제(비율 %)	용제(비율 %)	용제(비율 %)
1%	3/4tsp	12oz
	6*ml*	500*ml*
2%	11/2tsp	12oz
	11*ml*	500*ml*
4%	s tsp	12oz
	21*ml*	500*ml*
5%	4tap	12oz
	27*ml*	500*ml*
10%	8tap	12oz
	56*ml*	500*ml*
20%	6tsp	12oz
	123*ml*	500*ml*
25%	1/2c	12oz
	167*ml*	500*ml*
50%	11/2c	12oz
	500*ml*	500*ml*
70%	31/2c	12oz
	1167*ml*	500*ml*
90%	31/2qts	12oz
	4500*ml*	500*ml*

의해 만들어진 용제는 퍼센티지용제라고 한다. 왜냐하면 여기에는 화학 물질이 퍼센티지에 따라 포함 되어 있기 때문이다. 퍼센티지가 높을수록 더 강한 용제가 된다. 예를 들면 70%의 알코올 용제는 70%의 알코올과 30%의 물로 구성이 되며, 90%의 알코올 용제는 90%의 알코올과 10%의 물로 되어 있다. 앞 페이지의 차트는 각종 용제의 공식을 U.S 단위와 메타 단위로 표시하였다. 각 주 마다 다른 강도의 위생처리 용제를 사용토록 되어 있다.

1) 위생처리 화학물질

(1) 4기 원소 탄소 화합물(Quats)

퀏스(quats)에는 많은 종류의 화학물질이 포함되여 있다. 퀏스는 다른 상표나 이름으로 나올 수 있으며 이는 주로 액체나 정체의 형태로 나온다. 이것은 위생처리를 위하여 살균이나 세척이나 소독할 때 쓰이는 제품중의 하나이다.

퀏스(quats) 사용의 장점은 냄새가 없고 색깔이 없고, 유동성이 없고 또한 안정성이며 단점으로는 HIV 바이러스에 대한 위생저리제로서는 효과가 없을 수 있기 때문이다. 1 : 1000의 퀏스 용제는 주로 소도구 위생처리에 사용된다. 여기에 담가두는 시간은 최소한 20분 이상이라야 한다.

(2) 퀏스 1:1000 강도와 용제를 혼합하는 방법

만일 화학물질 포함량이 10%의 성분이면 1갈론 (3.81)물에 1 1/4온스(37.5ml)의 퀏스를 섞을 것. 12 1/2%의 성분이면 1갈론(3.81) 물에 1온스(30ml)의 퀏스를 섞을 것.15%의 성분이면 1갈론(3.81) 물에 3/4oz(22.51ml).

(3) 포르말린(FORMALIN)

포르말린(FORMALIN)은 효과 있는 살균제로서 사용된다. 포르말린은 구입시 37% ~ 40%의 포르말 디히드 가스가 물에 혼합되어 있다. 포르말린 사용시는 특별한 주의를 해야 한다. 왜냐하면 이것을 흡입하면 기도를 상하게 하며 피부에 닿으면 피부를 자극시키기 때문이다. 이것은 위성이 많으므로 통상적으로 다음과 같이 각종 강도의 위생처리 물질로서 첨가된다.

(4) 안전주의

숨쉴 때 포르말린이 들어가지 않도록 할 것. 당신의 피부에 닿지 않도록 할 것. 기도를 상하게 하거나 피부를 자극시킬 수 있다.

25% 용제(10% 포말디하이드와 같음) 소두구 소독에 사용된다. 소도구를 최소한 20분 이상 이 용제에 담가 둔다(조제법 : 포르말린2, 물5, 녹스는 것을 방지하기 위하여 그린세린1). 10% 용제(4% 포말디하이드와 같음) 솔이나 빗을 소독하는데 사용된다. 이것들은 최소한 20분 이상 이 용제에 담가둔다(조제법 : 포르말린1, 물9).

(5) 알코올의 위생처리

매니큐어링 혹은 기타 소도구의 위생처리를 위해서는 이것들은 70% 혹은 90%의 알코올에 20분 이상 담가둔다.

(6) 소디움 하이포크로라이트의 위생처리

살롱 주인은 그들이 사용하는 위생처리 물질의 리스 속에 소디움 하이포크라이트 합성제를 포함시킨다. 왜냐하면 HIV 바이러스의 위험성 때문이다. 이것은 소도구의 위생처리에 사용될 수도 있다. 그러나 철물에는 부식성이 강하다. 그 순수 합성제는 가정에서 표백제로 사용될 수도 있다. 매니큐어용 소도구는 이 소디움 하이포크로라이트의 용제에 10분 혹은 그 이상 담가두어야 한다.

5. 승인된 소독제란 무엇인가

다음의 차트는 승인된 위생처리용 물질들이다.

화학물질	형 태	강 도	사용법
쿠터너리 암모님 합성제	액체 타브렛	1 : 1000 용제	소도구를 용제 속에 20분 이상 담근다.
포르말린	액체	25% 용제	소도구를 용제 속에 10분 이상 담근다.
포르말린	액체	10% 용제	소도구를 용제 속에 20분 이상 담근다.
알코올	액체	70% 혹은 90%	소도구를 용제 속에 20분 이상 담근다.
소디움 하이포 크로라이트 (가정용 표백제)	액체	10% 용제	소도구를 용제 속에 10분 이상 담근다.

6. 서비스 전 위생처리 절차

① 소도구 세척 소도구를 비누와 더운물로 잘 세척할 것.
② 소도구를 깨끗한 물로 헹굴 것. 비누의 흔적을 깨끗한 물로 잘 헹구고 위생처리된 타월로 잘 닦아 말릴 것.
③ 소도구를 습식 위생기에 담글 것. 승인된 소독제가 들은 습식 위생기 속에 소도구를 담글 것(통상 20분). 일하는 장소는 고객이 도착하기 전에 완전히 위생처리해야 한다.

안전주의

각 고객 서비스 후 습식 위생기 속에 위생기를 점검하라. 만일 그 용제가 탁하면 그 용제는 오염되었으므로 갈아줄 것

④ 박테리아 살균용 비누로 손을 씻을 것. 박테리아 살균용 비누로 손을 깨끗이 씻고 헹군다음 위생처리된 타월로 말릴 것.
⑤ 소도구로 헹군 다음 위생처리된 타월로 말릴 것. 소도구를 습식 위생기에서 집어내어 물에 헹군 다음 깨끗한 타월로 닦아 말릴 것. 이는 녹의 발생을 방지한다.

절차상의 요건

소도구를 습식 위생 처리기에서 위생처리하는데 20분간의 시간이 소요됨으로 매니큐어링 소도구를 2개 세트(2벌) 가지고 있는 것이 좋은 방법이 될 것이다.

⑥ 승인된 보관 절차에 따를 것. 매니큐어링 소도구를 보관함에 있어 규정에 따를 것. 규정에 의하면 위생처리된 소도구는 봉함된 용기나 봉함된 플라스틱 백 혹은 위생처리된 캐비닛 속에 다음 사용시까지 보관하게 되어 있다.
⑦ 테이블을 소독할 것. 매니큐어링 테이블은 소독 용제로 잘 닦을 것.
⑧ 고객의 쿠션을 깨끗한 타월로 쌀 것. 깨끗한 타월로 매니큐어링 쿠션 위에 덮을 것. 각 고객마다 깨끗한 새 타월을 사용할 것.

⑨ 다시 채워놓을 것. 새 에머리 보드(EMERY BOARD) 오렌지 우드스틱, 커튼 볼(솜방망이), 그리고 기타 소모품들을 매니큐어링 테이블에 놓을 것. 이런 재료들은 한 고객에게 한번 사용 후에는 폐기처리되어야 한다.

절차상의 요건

인공 네일과 관계되는 일이 끝난 다음에는 당신의 플라스틱 쓰레기 백을 버려라. 이렇게 함으로써 당신이 사용한 재료들로부터의 오염을 예방할 수 있다.

7. 당신의 손톱에 좋은 해산물과 샐러드를 주문하라

고객에게 바이타민과 미네랄(무기질)에 관한 기초적인 지식을 알려줌으로써 고객의 손톱을 건강하게 유지할 수 있을 것이다. 그들의 손톱을 건강하게 유지하기 위해서는 칼슘(농작물과 생선), 유황제(캬베스, 양파, 마늘, 오이), 아이오다인(옥소)(시금치, 살구, 포도, 계란 노른자, 녹색 야채) 바이타민 A(녱이, 민들레, 당근, 토마토, 살구), 바이타민 B(밀눈, 간, 양배추, 샐러리, 생선), 바이타민 C(토마토, 레몬, 오렌지, 그레이프 프르트, 및 양배추), 그리고 바이타민 C(생선, 간, 송이) 등을 많이 먹어야 한다. 고객은 이런 좋은 권고를 기뻐할 것이며 당신의 솜씨가 더욱 그들의 손톱을 강하고 건강하게 돋보일 것이다.

8. 일과 후의 위생처리

그날의 일과가 끝난 다음 작업장 도구들, 기구들을 최종 위생처리할 것.
그리고 그것들을 지금까지 말한 위생처리된 곳에 보관할 것.

안전주의

위생처리를 위한 화학물질을 다루는 데는 어떤 잘못이나 사고를 방지하기 위한 안전수칙절차에 따르지 않으면 위험성이 따른다.

1. 화학물질을 조금씩 구입하여 건조하고 냉한 곳에 보관할 것. 아니면 공기와 빛 그리고 열로 인하여 변질될 것이다.
2. 화학물질의 중량을 측량할 때는 주의를 할 것.
3. 모든 용기에는 라벨을 붙이고 보관한 다음 열쇠를 잠글 것.
4. 화학물질이나 용제의 냄새를 맡지 말 것. 대부분의 것들은 자극성 냄새를 지니고 있기 때문이다.
5. 화학물질을 용해하거나 희석시킬 때는 쏟지 않도록 조심할 것.
6. 만일 어떻게 하다가 화학물질이 당신의 옷에 쏟아졌을 때는 즉시 그 옷을 버려야 한다.
7. 완전한 응급치료 약을 항상 준비하고 있을 것.
8. 제조 회사의 설명서에 잘 따를 것.
9. 당신 작입장에서 어린아이들을 항상 조심할 것. 적절한 관찰이 없으면 잘못하여 어린아이가 이것을 쏟거나 먹을 수도 있다.

04 살롱 내에서의 안전

1. 개론

오늘날 누구나 길고 아름다운 손톱을 가질 수 있게 된 것은 발달된 화학과 과학, 그리고 네일 디자이너들의 예능 덕분이다. 우리는 짧은 손톱을 길게도 하고 긴 손톱을 강하게도 하며 또한 그 누구의 손톱도 예술품을 만들 수가 있다. 대부분의 네일 디자이너들은 네일 팁, 네일 랩, 아크릴 네일, 그리고 젤 네일 등의 서비스에 능숙하다. 이러한 서비스들을 함에 있어 당신과 고객에게 해로운 화학물질을 다루는 기술(HI-TECH)을 요하게 된다. 네일 디자이너가 매일같이 다루는 이 물질들은 건강에 해롭지 않은 것이 없다. 그러나 이것은 얼마 든지 방지될 수 있다.

본 장에서는 네일 화학물질을 안전하고 현명하게 다룰 수 있는 기초적인 방법을 배우게 된다.

2. 네일 디자이너가 사용하는 일반적인 화학물질

만일 당신이 발전된 네일 서비스를 한다면 당신의 매니큐어링 테이블에는 다음 같은 것들을 포함한 물질들이 가득 차 있을 것이다.

① 솔벤트가 들어있는 네일 폴리시와 네일 폴리시 제거제

② 아크릴 네일에 대한 프라이머(PRIMER 기본독본)

③ 라이트 큐어드 젤(LIGHT-CURED GEL)과 노-라이트 젤(NO-LIG HT-GEL) 및 경화제
④ 에나멜 드라이어(ENAMEL DRYER)
⑤ 패브릭 랩(FABRIC WRAPS 천으로 싸는 것)을 위한 접착제

당신은 이런 화학물질에 겁낼 필요가 없다. 화학물질에 노출됨은 해롭지 않으나 과노출은 위험하므로 피해야 한다.

당신이 과노출 되었는가를 어떻게 알 것인가? 몸에서 먼저 그 징조가 나타나는데, 대부분의 경우 화학물질에 과다 노출되었을 시는 다음과 같은 문제들이 생긴다.

① 가벼운 두통 ② 불면 ③ 콧물
④ 목이 마르고 쓰다 ⑤ 눈물이 나며 ⑥ 발가락이 따끔거리고
⑦ 하루종일 피곤하고 ⑧ 피부 충혈
⑨ 몸이 나른해짐 ⑩ 호흡 장애

3. 당신이 사용하는 화학물질에 관하여 공부할 것

제조회사들은 가능한 제품을 안전하게 만들지만 그들이 할 수 있는 데는 한계가 있다. 디자이너의 단 한번의 부주의로 인하여 제조회사들의 적극적인 노력이 허사가 될 수 있다. 당신이 사용하는 화학물질들에 관하여 공부하고 또 안전하게 다루느냐 하는 것은 당신에게 달려 있다.

위험성과 적절한 취급방법, 그리고 과다 노출 시에 대한 증상 등에 관하여 배우는 한가지 좋은 방법은 재료 안전자료표(MSDS=MATRIAL SAFETY DATA SHEET)를 읽는 것이다.

4. MSDS란 무엇인가

미국 연방정부는 제조회사로 하여금 그들의 제품을 사용하는 사람들이 볼 수 있도록 이 MSDS를 만들게 하고 있다. 각 MSDS는 12가지의 기본적인 지식이 포함되어 있다. MSDS에는 일정한 기준 양식은 없다. 그러나 다음과 같은 사항은 반드시 포함되어 있다.

① 물리적 혹은 화학적 위험성을 나타내는 사용 화학물질의 표시. 이 것은 제조회사가 사업

비밀상 예외로 인정될 때는 자세하게 기입하지 않는다.
② 물리적 화학적 특징. 그 제품의 발화점(그 액체가 점화될 수 있는 증기가 나오는 온도).
③ 물리적 위험성. 그 제품이 다른 화학 물질과 폭발 및 화재의 위험성에 대하여 어떤 반응을 일으키는가.
④ 보건 위험. 그 제품으로 인한 병의 통상적인 징후와 증상, 그리고 그 제품으로 인하여 더욱 악화될 가능성이 있는 현재의 의료 상태(현재가지고 있는 몸이 상태).
⑤ 기본적인 인체로의 침투로. 그 제품이 통상 어떤 경로를 통하여 당신의 몸에 침투되는가.
⑥ 노출의 허용치. 과다노출을 방지하기 위한 허용치.
⑦ 화학물질의 발암 위험성. 그 제품이 암을 일으키는 작용을 하는가에 관한 설명.
⑧ 주의 사항과 취급방법. 그 제품을 어떻게 안전하게 다루는가 그리고 쏟았거나 샐 때는 어떤 조치를 하는가.
⑨ 조절과 보호방법. 그 제품의 위험성에 대하여 당신 자신과 고객을 어떻게 보호하느냐. 환기, 장갑 사용, 보호안경 착용, 보호의(옷) 및 보호장비의 권유.
⑩ 긴급 및 응급절차. 제품 사용중 발생한 사고에 대한 대응책.
⑪ 자료 준비 MSDS는 언제 만들었으며 또 언제 개정되거나 변경되었는지.
⑫ 주소. MSDS 준비 책임자의 성명, 주소 그리고 전화번호.

1) MSDS를 구할 수 있는 방법

미용 제품 판매원이 그 제품의 MSDS를 공급할 수 있을 것이다. 이러한 자료들을 구하고 보관하여 참조하는 것은 당신의 책임이다. 만일 필요한 MSDS를 구하기 힘들면 판매원에게 정식 서면으로 요구할 것.

2) 제품은 어떻게 당신에게 해로운가

사용하고 있는 제품들에 관하여 상세한 설명이 되어 있는 MSDS가 있다 할지라도, 당산이 알아두어야 할 일반적인 몇 가지 지식이 있다. 이 제품들은 3가지 방법으로 몸에 침투된다.

① 호흡할 때 흡입된다(들여 마심).
② 피부로 흡수됨(피부접촉)
③ 먹는다(섭취)

그러나 이 제품들은 당신을 해롭게 하기 위해 반드시 몸으로 들어가지는 않는다. 어떤 것은 인화성이 있고, 또 다른 것들은 눈에 튀거나 날아들어 갔을 때 심각한 문제가 생긴다.

보건 상 또는 안전 상 문제점들의 몇 가지 예

① 솔벤트나 프라이머(PRIMER)가 눈에 들어가면 아주 심각한 부상을 입게 된다. 네일 작업을 위해 앉을 때 매번 특별히 조심을 하지 않으면 당신은 실명하게 될지도 모른다.
② 아크릴 네일은 줄질할 때 발생하는 먼지나 아크릴 제품이나 솔벤트, 프라이머(PRIMER) 등에서 발산되는 증기를 호흡하는 것은 건강상 좋지 못하다.
③ 네일 폴리시나 폴리시 제거제는 발화 위험이 있다.
④ 에칭 프라이머(ETCHING PRIMER)는 피부를 심하게 부식시킨다.
⑤ 랩 글루(WRAP GLUE 감는 풀), 아크릴 액체, 젤(GEL) 그리고 솔벤트는 당신의 피부를 마르게 하여 금이 가거나 껍질이 벗겨진다. 이 화학제품들은 손상된 당신의 피부를 통하여 침입한다.

5. 당신 자신과 고객을 보호하는 방법

당신이 아주 중요한 안전규칙을 따름으로서 당신 자신과 고객을 안전하게 보호할 수 있다.

① 환기되는 살롱에서 작업할 것
② 화학 물질이 공중에 스프레이 되지 않도록 할 것
③ 피부에 닿지 않게 할 것
④ 줄질할 때는 먼지 마스크(수술용)를 착용할 것
⑤ 보호안경을 착용할 것
⑥ 살롱에서는 콘택트렌즈를 절대로 사용해서는 안 된다
⑦ 살롱에서 담배를 피우지 말 것
⑧ 살롱에서는 마시거나 먹거나 하지 말 것
⑨ 점심은 살롱에서 분리된 곳에 보관하고 있을 것
⑩ 먹기 전에 항상 손을 씻을 것
⑪ 모든 용기에는 라벨을 붙일 것
⑫ 모든 재료들은 냉한 곳에 보관할 것

⑬ 쓰레기는 정규적으로 버릴 것
⑭ 모든 재료들의 뚜껑을 덮을 것
⑮ 사고에 대비할 것

6. 자신을 표현하라 – 안전하게

보안경 등을 네일 예능을 발전시키는 기구로 사용해 보라. 이렇게 함으로써 이는 개인의 취향을 표현하는 아주 좋은 수단이 될 것이며 고객에게 매력을 끄는데 충분할 것이다. 보안경 테나 끝에 손톱의 디자인(DESIGN) 같은 것을 그려보고 또 이것을 계절 감각에 맞게 또는 색채나 개인의 취향에 맞추어 자주 바꾸어 보라. 그중 어느 것이 가장 홍미를 끄는지를 알아내고 고객의 손톱에 그 디자인을 그릴 것을 유도해 보라. 그렇게 하면 당신의 수입은 결과적으로 증대될 것이며 안전의식도 고조되는 반면 네일 예능에 대한 홍미를 가지게 될 것이다.

제 2 부 네일 기술에 필요한 과학

05 해부학과 생리학

1. 개론

당신은 해부학과 생리학의 본 장을 보았을 때 비명을 질렀을지 모르지만, 해부학과 생리학은 네일 기술에 아주 중요한 것이다. 인체의 구조와 그 기능의 기초지식을 이해하면 당신이 배워야 하는 많은 네일 서비스의 과학적 배경이 될 것이다. 어느 서비스가 고객의 손톱과 피부 상태에 가장 좋은가, 그리고 가장 좋은 결과를 가져오기 위해서는 어떻게 수정하고 조정하느냐 하는데 큰 도움이 될 것이다. 해부학이란 인체의 구조, 그리고 그것이 무엇으로 만들어졌는지를 공부하는 것이다. 예를 들면 골격(뼈), 근육, 피부 같은 것들을 말한다. 생리학이란 인체의 작고 또 개별적인 구조를 공부하는 것이다. 즉 머리카락, 손톱 한샘(땀나는 구멍), 유선(기름이 나오는 구멍) 등을 말한다. 뼈 혹은 근육, 동맥, 정맥 그리고 신경 같은 단어들은 살롱 내에서 흔히 쓰는 말은 아니지만, 인체의 구조를 이해함으로서 손과 팔 등을 마사지 할 때 아주 숙달된 서비스를 할 수 있게 될 것이다. 이 해부학과 생리학에는 인체의 세포, 기관 및 구조 등이 포함되어 있다.

2. 세포

세포란 박테리아 식물, 동물 등을 포함한 모든 생명체의 기본 단위가 된다. 인체는 전적으로 이 세포와 유동체(기체와 액체), 그리고 세포성 물질로 구성되어 있다.

모든 생명체의 기본적인 기능 단위로서 세포는 우리 생활의 모든 것을 수행해 나간다. 세포는 또한 재생의 능력이 있으므로 새로운 세포를 생산해 우리를 성장하게 하고 손상되거나 닳아 없어진 조직을 재생시켜 준다. 세포는 원형질로서 단백질이나 지방질 탄수화물, 그리고 광물성 염분(MINE SALT)등 음식물의 요소가 들어 있는 무색의 젤리 같은 것이다.

원형질 속에는 핵 세포질 중심체, 세포막으로 형성돼 있다. 이것은 또한 세포를 재생하는데 중요한 역할을 한다. 세포질은 핵의 외부에 있으며 세포의 성장과 재생 그리고 세포 자체를 교정하는 역할을 한다. 중심체는 세포질 속에 있으며 작고 둥글게 생긴 것으로 세포의 재생을 돕는다. 세포막은 물질들을 세포 속으로 집어넣고 배출시키는 교량 역할을 한다.

1) 세포의 성장

세포가 영양과 산소와 수분을 공급받는 한 배출물이 생기게 되며 적절한 온도를 유지함으로서 성장하고 번식하게 된다. 그러나 만일 이런 조건들이 부합되지 않거나 또는 독극물이나 어떤 압력을 받게 되면 세포의 건강과 성장은 저해되고 만다. 우리 몸은 내부분 사체의 성장과 자체 교정 능력을 생명 순환기 동안 가지고 있다. 또한 유사분열(MITOSIS)이라는 분열 절차에 따라서 자신을 번식시키기도 한다.

2) 세포의 신진대사

신진대사란 몸의 세포들이 그들의 활동을 수행하기 위해 필요한 에너지와 영양을 섭취함으로서 발생되는 복잡한 화학 과정이다.

① 동화작용이란 작은 분자가 큰 분자로 형성되는 한 과정이다. 이러한 과정중 인체는 수분과 영양과 산소를 저장하게 된다.
② 분해작용은 어떤 큰 물질이나 분자를 작게 분해하는 것을 말한다. 이것은 에너지의 발신 과정으로서 분자 속에 저장돼 있으며 근육의 수축이나 분비 또는 열을 발생하는데 사용된다.

동화작용과 분해작용은 동시에 일어나며 계속적으로 일어난다. 그들의 활동은 서로 긴밀히 조절되므로 분해와 에너지 방출반응은 에너지 소모와 재생반응과 더불어 형평(밸런스)이 잘 유지되이 호모스테이스(homcostasis 체내의 안정과 정상을 유지하는 힘)가 이루어진다. 그러나 우리가 몸에서 생산되는 것보다 적은 양의 에너지만 소비하게 되면 몸무

게가 늘어나는 것을 알 수 있다. 즉 사용되지 않은 분자는 지방으로 변하게 되는 것이다. 살찌는 것을 막기 위해서는 운동을 해서 더 많은 에너지를 소비하던가 아니면 적게 먹어서 에너지 생산을 줄여야 한다.

3. 조직

각 조직은 같은 종류의 세포로 구성되어 있다. 각 조직은 특별한 기능을 가지고 있으며 이들은 형태의 특성으로 알 수가 있다. 인체의 조직은 다음과 같이 구분된다.

① 연결조직은 인체의 조직들로 서로 연결하고 보호하고 서로 협력하는 역할을 한다. 뼈와 연골과 인대(ligament)와 건(tendon)과 근막(fascis 근육을 별식 하는 것), 그리고 지방(살찌는 것) 조직들은 이 연결 조직의 대표적인 것들이다.
② 근육조직은 인체의 각 부분을 수축시키고 움직이게 한다.
③ 신경조직은 뇌로부터의 명령을 몸의 각 부분으로 전달하며 모든 몸의 기능을 조절하고 협력한다.
④ 상피조직(epithelial)은 피부나 점액막이나 귀의 고막과 소화 및 호흡기관, 그리고 점액분비선 같은 인체 외부를 보호하는 것이다.
⑤ 액체조직은 음식물이나 배설물, 호르몬 같은 것을 혈액이나 임파(LYMPH)를 통하여 운반한다.

4. 기관

기관은 특정한 기능을 하기 위한 구조물이며 인체의 주요 기관들은 다음과 같다.
뇌는 인체를 조정하며, 심장은 혈액을 순화시키며, 간은 소화물질의 독소를 제거하며, 신장은 수분이나 다른 배설물을 배설시키며, 위와 장은 음식물을 소화시킨다.

5. 구조

구조는 각 기관의 집합체로서 주로 몸 전체의 안녕을 도모하기 위하여 서로 협력하는 것이다. 인체에는 10가지의 주요 구조로 되어 있다.

외피(INTEGUMENTARY)구조는 피부와 각종 부속기관으로 구성되어 있다. 즉 기름, 땀샘, 감각기관, 머리카락과 손톱 등이다. 이 구조는 진피와 표피의 2개의 다른 층으로 되어 있다. 외피는 보호작용을 하고 있으며 그 속에는 감각기관이 있어 우리가 무엇을 만졌을 때 감각을 전달한다. 또한 인체의 온도를 조절하는데 중요한 역할을 한다.

골격구조는 인체의 육체적 기초를 말한다. 골격구조의 뼈는 보호와 위치(지탱)와 그리고 움직이는 역할을 한다. 근육구조는 골격을 쌓고 그 형태를 만들고 협력한다. 기능으로서는 인체를 움직이게 한다. 신경구조는 인체의 각 구조가 서로 협력하는 것을 조정한다. 순환구조는 몸 전체에 혈액을 공급한다. 내분비구조는 내분비선으로 되어 있으며 혈액에 호르몬을 보급한다. 배설구조는 인체로부터 모든 배설물을 배설시킨다. 호흡기구조는 인체에 산소를 공급한다. 소화기구조는 음식물을 세포에서 사용할 수 있는 물질로 변화시킨다. 변식구조는 인간을 번식시킨다.

1) 골격구조

골격구조는 인체의 육체적 기초이다. 인체의 모든 골격은 206개의 뼈로 구성되어 있다. 뼈들은 여러 가지의 형태를 하고 있으며 관절로 연결되어 있다.

뼈는 치아의 에나멜(겉은 칠해져 있는 부분)을 제외하고 인체 중에서 가장 단단한 물질이다. 뼈의 1/3은 세포나 혈액 같은 유기질로 되어 있고 2/3는 칼슘 탄산염과 칼슘 인산염 같은 무기질로 되어 있다. 다음은 인체의 뼈들이 하는 주요 기능이다.

① 몸의 형태를 구성하고 지탱시키며 ② 몸 내부의 여러 가지 기관과 구조를 보호하며
③ 근육에 부착되 인체의 움직임을 유발하는 지렛대(LEVER)역할을 한다
④ 적골수 속의 여러 가지 혈액세포를 생산한다.
⑤ 칼슘(CALCIUM)과 인산염(PHOSPHORUS) 마그네슘(MAGNESUM), 그리고 소디움(SODIUM) 같은 광물질을 저장한다.

(1) 뼈의 구조

뼈의 외부는 희고 내부는 적색으로 되어 있다. 골수는 아주 부드럽고 지방질이 많은 적색 물질로서 뼛속에 차 있다. 골막은 핑크색 섬유질 막으로서 뼈를 보호하고 건대(tendon)나 인대(ligamcnt), 혈관 그리고 신경에 부착물로서의 역할을 한다. 골막을 통하여 뼈로 들어가는 혈관은 뼈에 영양을 제공한다. 뼈에 부착되는 구조물은 다음의 것들을 포함한다.

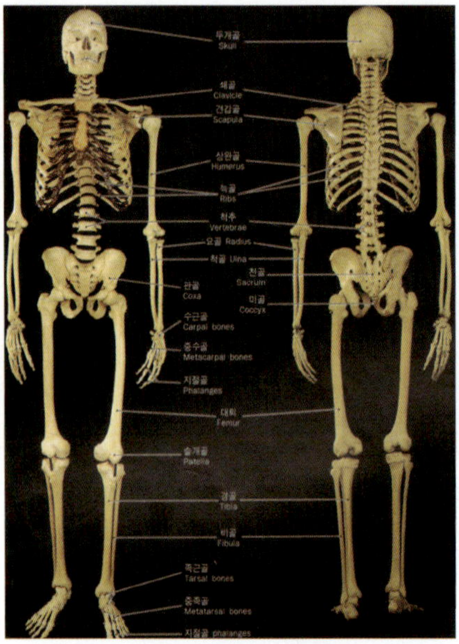

그림 4 전신의 골격

연골은 관절에서 뼈와 뼈의 완충 작용을 하며 코와 귀의 외모를 형성시킨다.

인대(ligament)는 대(band)나 판(sheet)으로 되있는 섬유질로서 관절에서 뼈를 지지(의지)해주고 있다. 관절 활액(synovial)은 관절에서 뼈와 뼈가 부딪쳐 상하는 것을 막는 윤활유 역할을 하며 매끄러운 이 액체는 연골에 영향을 제공하기도 한다.

(2) 관절

각종의 뼈들은 관절이라고 하는 교차점에서 만나게 되며 여러 방향으로 움직이게 된다. 목 같은데 있는 활자 관절(pivot joint)은 한 개의 뼈가 다른 뼈 위에서 움직이며 팔꿈치나 무릎 같은 데에 있는 경첩식 관절(hinge joint)은 2개 혹은 2개 이상의 뼈가 연결되어 마치 문짝과 같다.

히프나 어깨에 있는 볼-소켓트(ball-socket)식 관절은 한 개의 뼈의 소켓트, 즉 옴폭 파진 곳에 들어가 있다. 손목이나 발목에 있는 활주 관절(gliding joint)은 2개의 뼈가 서로의 뼈 위를 스친다(활주한다).

(3) 팔과 손의 뼈

견갑골(scapula)과 쇄골(clavicle)은 어깨를 형성시키며 쇄골은 컬러본(collar bone)이라고도 불린다.

상박골(humerus)은 팔의 상부에 있으며 팔뼈 중에서 제일 큰 뼈이다. 척골(ulna)은 팔의 하부의 새끼손가락 뼈에 붙은 큰 뼈이다. 요골(rudius)은 팔의 하부에 있는 작은 뼈로서 엄지 손가락이 있는 같은 쪽에 붙어있다. 손목뼈(CARPUS)는 8개의 작고 불규칙한 뼈들이 인대로 합쳐있는 유동적인 관절이다. 장골(손바닥뼈)은 길고 가늘며 각 손가락들은 3개의 지골(손가락 뼈)로 구성되어 있으며 모지는 2개가 있어 총 14개로 구성되어 있다.

(4) 다리와 발의 뼈

대퇴골은 무릎위의 다리를 형성하는 굵고 긴 뼈이다. 경골은 무릎밑의 다리를 형성하는 2개의 뼈 중 큰 것이다. 비골은 무릎밑의 다리를 형성하는 뼈로서 부대뼈(ACCESSORY BONE)라고도 함.

발목은 7개의 족근골로 되어 있으며 발뒤꿈치는 이 발목의 일부분으로 간주된다. 발의 5개 척골들은 손의 장골처럼 길고 가늘다. 발가락 뼈는 지골이라고 하며 손가락과 비슷하다. 긴 발가락에는 3개의 지골이 있으며 엄지발가락에는 2개 반이 있다.

2) 근육구조

근육구조는 골격을 커버하고 형태를 만들며 유지해 준다. 그 기능은 몸의 모든 동작을 하게 한다. 마이오로지(MYOLGY)라는 것은 근육의 구조와 기능, 그리고 질병 등을 공부하는 것이다. 근육구조는 작고 큰 것 모두 합하여 500개 이상이 되며 인체의 40~50%의 무게를 차지한다. 근육의 섬유질 조직이며 펼친다던가 굽힌다던가 하는 각종 동작은 근육의 움직임인 것이다. 근육 조직에는 3가지가 있다.

① 수의 근육(striated musles)은 수의근으로서 원하는 바에 따라 움직여진다. 안면이나 팔, 그리고 다리의 근육은 모두 이 줄무늬 근육인 것이다.
*스트리에이티드(striated)라는 말은 줄무늬라는 뜻이다.

② 비 수의근(non-striaed 줄무늬가 아닌 것) 근육은 비 수의근이며 위장이나 내장의 근육이 바로 이것이다. 이 근육은 자동적으로 그 기능을 발휘하게 된다. non-striaed라는 말은 그 표면이 매끈하며 줄무늬가 없다는 뜻이다.

③ 카디엑(cardial)근육은 심장에 있는 근육으로 인체의 어느 곳에도 이와 같은 근육은 없다.

(1) 근육의 부분

근육에는 3가지 부분이 있다. 즉 기본(orign)과 삽입(insertin)은 복부(belly)가 있다. 오리진은 움직이지 않은 부분이며 골격에 붙어 통상적으로 골격의 일부분이 된다.

(2) 터치(touch 만지는 것)의 신비성

터치는 사람의 기분을 좋게 하는 아주 좋은 방법이다. 연구원들에 의하면 상점에서 물건을 사거나 도서관에서 책을 빌리고 난 후의 단순한 터치는 사람들로 하여금 아주 상쾌한 기분을 만들어 준다는 사실이 발견되었다. 이 좋은 방법을 당신의 비지니스에 어떻게 활용할 것인가? 모든 매니큐어 서비스에 이 손 마사지를 포함시킨다면 고객들은 아주 만족스러워할 것이다. 엄지손가락으로 고객의 손바닥을 눌러주고 단 몇 초간만 잡고 있는 것으로 하루종일 타자를 치느라 굳어진 고객의 손 근육을 풀어주기에 충분할 것이다. 이러한 서비스는 고객의 마음속에 새겨질 것이며 부드러운 로션을 곁들인 단 3분간의 마사지야말로 당신의 비지니스를 크게 성공시켜 줄 것이다.

인써션은 움직이는 부분이고 벨리는 그 중간 부분이다. 수축동작 중 근육이 수축될 때 일부분은 고정되어 있고 다른 한 부분만 움직인다. 근육은 심줄(sinew)이나 혹건(tendon)으로 묻혀 있다.

(3) 근육의 자극

근육조직은 다음에 의해서도 자극된다.

- 마사지 - 손 마사지와 전기식 바이부제이다.
- 전류 - 근육 부근에 대면 눈에 띄게 근육이 자극된다.
- 광선 - 적외선과 자외선
- 열선 - 발열 램프나 히팅 캡
- 증기 - 스티머나 따뜻한 타월
- 신경충격 - 신경구조를 통하여
- 화학물질 - 어떤 산이나 염

(4) 마사지에 의해 영향을 받는 근육

네일 디자이너로 당신은 손과 팔과 다리, 그리고 발의 수의근과 관계가 있는 것이다. 이 수근이 어디에 있으며 또 무엇을 조정하는가를 아는 것은 매우 중요하다. 마사지의 압박은 주로 인써션(Insertion ; 삽입)에서 오러진(Origin ; 기본)으로 간다.

(5) 어깨와 상부 팔의 근육

삼각근(deltoid)은 크고 두꺼운 삼각형이며 어깨를 덮고 있고 팔을 올리고 돌리기도 한다. 이두근(biceps)은 팔 상부의 앞 부문에 있고 앞 팔을 올리고 팔꿈치를 구부리게 하고 손바닥을 위로 향하게 돌려준다. 이것은 머리가 2개 있다고 해서 이두근이다.

삼두근(triceps)은 상부 팔의 뒷면 전체는 머리가 3개 있다고 해서 삼두근이다.

(6) 앞 팔의 근육

앞 팔은 근육의 연속과 강한 건(tendon)을 가지고 있다. 회전근(pronator)은 손을 안쪽으로 돌려주며 손바닥을 아래로 향하게 한다. 슈피네이터(supinator ; 히외근)는 손목을 바깥쪽으로 돌려주고 손바닥을 위로 향하게 한다. 굴근(flexor)은 손목을 굽히게 하고 손을 위로 쳐들게 하며 손가락을 구부리게 한다. 신장근은 손목을 바로 펴주고 또 손과 손가락을 바른 자세로 펴준다.

(7) 손의 근육

손의 근육은 관절에서 겹쳐지는 작은 근육들이 많이 있어 융통성과 힘을 주게 된다. 손을 잘 간수하면 이러한 근육들이 아주 연하고 우아한 상태로 있게 된다. 이것은 또한 손과 손가락을 폈다 오므렸다 한다.

외전근(abductor)은 손가락을 떨어뜨리고 또 내전근(adductor)은 손가락을 합치게 한다. 이 근육들은 손가락의 밑 부분에 있다. 반대근육(opponent)은 손바닥 안에 있으며 엄지손가락을 다른 손가락 쪽으로 오게 함으로서 물건을 잡는 역할을 한다.

(8) 하부다리와 발의 근육

네일 디자이너로서 당신은 페디큐어 하는 동안 발과 다리의 근육에 관한 지식을 활용하게 될 것이다. 발 근육은 작고 다리와 발 사이의 완충 작용과 적절한 지지를 해준다.

익스텐스 디지토름 롱거스(extensor digitorum longus ; 장지신근)는 발을 위로 올리게 하고 발가락을 펴게 한다. 티비아리스 안테리오(tibialis anterioor ; 전경골근)는 정강이를 감싸고 있으며 발을 위쪽과 안쪽으로 구부리게 한다. 페로니어스 링거스(peroneus brevis ; 장비골근)는 비골의 하부 표면에 있으며, 이는 발을 밑으로 그리고 바깥으로 구부리게 한다. 게스트럭 니미어스(gastroc nemius ; 장단지근)는 뒤꿈치의 후면에 있으며 발을 밑으로 당긴다. 살리어스(soieus ; 가자미근)는 비골의 상부에 있으며 발을 밑으로 구부리게 한다.

발의 근육은 익스텐서 디지토름 브레비스(extensor digitorum brevis)와 에브닥터 하루시스(abductor hallucis ; 우지외향근)와 후렉서 디지토름 브레비스(flexor digitorum brevis ; 단지굴근)아 그리고 에브닥터(abductor ; 외향근)를 포함한다. 발의 근육들은 발가락을 움직여주며 또한 걷거나 서 있는 동안 밸런스를 유지해준다.

3) 신경구조

신경학은 신경구조와 그 질병들을 다룬 학문이다. 신경구조는 인체에서 가장 중요한 구조인 것이다. 인체의 모든 다른 구조들의 기능을 조절, 협조하며 또한 그들이 잘 화음되게 한다. 인체의 1평방인치마다 아주 가는 섬유질이 있는데, 이것이 바로 신경이다. 당신은 네일 디자이너로서 다리와 발과 손과 팔, 그리고 몸 전체에 걸쳐 마사지의 효과를 이해하기 위한 신경조직을 알아야 한다. 신경구조는 3가지로 구분된다. 즉 중추신경조직과 말초신경조직, 그리고 자율신경조직이다.

① 대뇌 - 척추 혹은 중추 신경 구조는 뇌와 척수를 구성하고 있으며 그 기능은 다음과 같다.
  ⓐ 감각과 모든 정신적 작용을 조절한다.
  ⓑ 5각 즉 : 시각, 미각, 후각, 지각, 그리고 청각을 조절한다.
  ⓒ 몸의 움직임과 얼굴의 표정 같은 수의근육을 조절한다.
② 말초신경조직은 지각신경, 운동신경으로 되어 있으며 대뇌와 척수로부터 인체의 각 부분에 뻗쳐 있다. 이것들의 기능중추신경으로 혹은 중추신경으로부터의 메시지를 전달하는 것이다.
③ 자율신경조직은 의식적으로 노력하지 않아도 그 기능을 하고 있는 부분으로서 분비선이나 혈관, 그리고 심장 및 스므즈(smooth)근육이 활동을 조절해준다. 이 조직은 두 가지가 있는데 그 하나는 교감 신경조직이고 다른 하나는 부교감 신경조직이며 이들은 서로 상반되는 방향으로 활동한다. 이것은 심장의 고동이나 혈압 호흡 및 체온을 조절하여 인체 내부의 안정과 항상성을 유지한다. 교감신경조직은 압박을 받거나 에너지가 소모되거나 또는 긴급한 상태 등에서 활동하며 부교감신경은 주로 에너지를 저축하는 휴식 상태에서 활동한다.

(1) 대뇌와 척수

대뇌는 인체 중에서 신경조직의 뭉치이며 두개골 속에 들어있다. 대뇌의 평균적인 무게는 44-48온스(1232~1344Kg)이다. 이것은 메시지를 받고 또 전달하는 인체의 중심부 역할을 한다. 12쌍의 뇌 신경이 이 대뇌에 있으며 머리와 얼굴, 그리고 목의 각 부분에 뻗쳐있다.

척수는 신경세포의 집단으로 이루어져 있으며 그 신경섬유(fiber)가 상하로 뻗쳐 있다. 척수는 대뇌에서 시작하여 몸통으로 길게 뻗어나온 31쌍의 척추신경은 몸통과 손발의 피부와 근육으로 연결되어 있다.

(2) 신경세포와 신경

신경단위 혹은 신경세포는 신경조직의 기본구성 단위인 것이다. 이것은 덴드라이트(dendrite)라고 하는 세포체로 구성이 되어 있고, 이것이 다른 신경세포나 축색(axon), 그리고 그 축색 터미널로부터 메세지를 받게 된다. 신경은 길고 흰색 코트의 섬유질로 되어 있으며, 인체의 각 부분으로 메시지를 보내기도 하고 받기도 한다. 신경은 원천을 대뇌와 척수에 두고 있으며 2가지를 인체의 각 부분에 보내고 있다.

(3) 신경의 종류

지각신경(또는 afferent 신경이라고도 함)은 감각기관으로부터의 메시지를 전달한다. 즉 촉감이라던가 차고 더운 것, 시각, 청각, 미각, 후각 또는 어떤 통증이나 압박 같은 것들을 말한다.

운동신경(또는 efferent 신경이라고도 함)은 대뇌로부터 각 근육으로 전달되며 이 전달된 신호에 따라 움직여지게 된다.

복합신경(mixed nerve)은 두 가지를 다 가지고 있으므로 메시지를 받기도 하고 보내기도 하는 역할을 한다. 지각신경의 끝(receptor = 감각접수제)은 피부의 표면 가까이에 있다. 지각신경으로부터의 신호는 대뇌로 전달되고 여기서 다시 운동신경을 통하여 근육으로 전달된다. 이 한 과정이 이루어짐으로써 근육이 움직이게 된다.

반사작용은 지각접수제로부터 지각신경을 통하여 척수에 전달된 어떤 자극이 운동신경을 통하여 근육으로 다시 자동적으로 응답됨으로써 이루어지는 것이다. 반사작용의 한 예로서 우리가 어떤 뜨거운 물체를 만졌을 때 금방 손을 떼는 것이다. 이 반사작용은 자동적인 것이므로 그렇게 해야 한다고 배울 필요가 없다.

(4) 팔과 손의 신경

척골신경과 2가지들은 작은 손가락 쪽의 팔과 손바닥에 뻗어 있다.

요골신경과 2가지들의 엄지손가락 쪽의 손과 팔 등에 뻗어 있다.

중간신경은 척골신경이나 요골신경보다 작다. 이것의 가지들은 팔과 손에 뻗어 있다.

손가락신경과 2가지들은 손가락에 뻗쳐 있다.

(5) 하부 다리와 발의 신경

경골신경은 무릎과 장딴지 근육, 다리의 피부와 발바닥과 뒤꿈치, 그리고 발가락 밑에 이르기까지 세분되며 또 그곳들로 신호를 보낸다.

콤먼 퍼로니얼 신경(common peroneal nerve ; 총비골신경)은 좌골신경의 일부분으로 무릎 뒤에 있으며 2가지로 구분된다. 딥 프로니얼(deep peroneal ; 심부비골신경)은 다리 뒷면을 밑으로 통하고 있고 슈퍼휘시얼 퍼로니얼(superfical peroneal ; 얕은 비골신경)은 비골 앞 부문을 밑으로 통과하여 발과 발가락의 피부에 신호를 보낸다.

써랄 너스(sural ; 장단지신경)신경은 발과 다리의 뒷면과 바깥쪽으로 신호를 보내며 도살(dorsal ; 배부신경) 신경은 발 상부에 신호를 보낸다.

4) 순환기의 구조

순화구조(또는 형관구조라고 함)는 건강 유지에 절대적인 존재이다. 이것은 심장과 혈관을 통하여 몸 전체에 혈액을 끊임없이 순환시킨다(동맥, 정맥, 그리고 모세관).

혈액 순환구조는 심장과 혈관으로 구성되어 있으며 혈액을 순환시킨다. 림프(lymph) 순환구조는 림프선과 림프라고 하는 무색투명한 액체를 순환시키는 관으로 형성된다.

이 두구조는 서로 아주 긴밀하게 연결되어 있다. 이 림프는 혈액에서 나오며 점차적으로 다시 혈관 속으로 들어간다.

(1) 심장

심장은 하나의 근육이여 주먹만한 크기의 원추형 기관이다. 이것은 가슴속에 있으며 심장막이라고 하는 막으로 쌓여 있다. 이것은 혈액을 순환기 구조 속에서 계속 움직이게 하는 펌프이다. 보통 휴식 상태에서 심장은 약 72회에서 80회를 고동한다. 베이거스(vagus)라고 하는 미주신경과 자율신경구조에서 나온 신경들이 심장의 고동을 규제한다.

심장의 내부에는 4개의 실과 4개의 방(공동)으로 되어 있다. 상부에 있는 엷은 막으로 칸막이된 실은 우방심과 좌심방이며, 하부의 두꺼운 막으로 칸막이된 것은 우심실과 좌심실이다. 밸브는 혈액이 한 방향으로만 흐르게 하고 있다. 심장이 한번 수축하고 팽창될 때마다 혈액이 심방에서 심실로 이동되어 온몸으로 퍼지게 된다. 심방을 심이(auricle)라고도 한다.

(2) 혈관

혈관, 즉 동맥과 정맥, 그리고 모세관은 건축에서의 관과 같은 것으로서 심장과 인체의 각 조직 사이의 혈액 운송 수단이다.

동맥은 두껍고 탄력성 있는 관으로서 산소가 채워진 혈액을 심장으로부터 온몸의 모세관으로 보낸다.

모세관은 가늘고 엷은 혈관으로 작은 동맥으로부터 정맥으로 연결되어 있다. 그 모세관의 벽을 통하여 조직의 영향을 섭취시키고 또 불필요한 물질을 배설시킨다.

정맥은 모세관에서 받은 산소가 결핍된 혈액을 다시 심장으로 보낸다. 이것은 엷은 벽으로 되어 있으며 동맥보다는 탄력성이 없다. 여기서 컵과 같은 밸브가 있어 혈액의 역행을 막는다. 정맥은 동맥보다 더 몸의 외면에 가깝게 있다.

(3) 혈액

혈액은 영양가 액체이며 순환기구조를 통하여 움직인다. 혈액은 붉은 색이며 약간 짠 액체로서 그 농도는 토마토 주스와 비슷하다. 혈액의 평상 온도는 화씨 98.6도, 섭씨 37도이고 전체 몸무게의 약 1/20에 해당한다. 약 8~10파인트(1pint=0.47리터)의 혈액이 어른 한 사람의 전체 혈관을 채울 수가 있다.

동맥 속의 혈액은 폐동맥의 것을 제외하고는 밝은 적색이며 정맥 속의 것은 검정색이다. 이러한 색깔의 변화는 혈액이 폐를 통과하는 이산화탄소가 산소로 바뀌고 또 혈액이 몸속을 순환하는 동안 산소가 이산화탄소로 바뀌기 때문이다.

① 혈액의 순환

혈액은 심장에서 떠나 다시 심장으로 돌아올 때까지 계속 순환되고 있다. 순환을 조정하는 2가지 기능이 있는데, 그 하나는 폐순환이라고 해서 이것은 혈액이 심장에서 폐로 보내져 정화되는 것이고, 다른 하나는 일반 순환이라고 해서 혈액이 심장에서부터 나와 온몸을 순환한 다음 다시 심장으로 돌아오는 것이다.

② 혈액의 성분

혈액은 적혈구와 백혈구, 그리고 프레이트릿(platelet)과 혈장으로 구성되어 있다.

적혈구(적혈세포)가 하는 일은 세포에 산소를 공급하는 것이고, 백혈구가 하는 일은 몸에 침투된 병균을 박멸시키는 것이다.

프레이트릿(platelet)은 적혈구보다 아주 작으며 혈액을 응고시키는데 중요한 역할을 한다. 현장(plasma)유동체이며 적혈구, 그리고 프레이트릿이 그 속에서 흐르게 된다. 이것은 딸기와 같은 색깔이며 9/210가 수분이다.

③ 혈액의 주 기능

혈액의 주요 기능은 다음과 같다.

ⓐ 물, 산소, 영양물, 그리고 분비물을 인체의 모든 세포로 운반한다.

ⓑ 폐와 피부와 신장, 그리고 대장을 통하여 탄소, 이산화물과 모든 폐기물을 내보낸다.

ⓒ 체온을 조절하여 몹시 춥거나 더움으로부터 인체를 보호한다.

ⓓ 백혈구의 작용으로 해로운 박테리아나 감염 등으로부터 인체를 보호한다.

ⓔ 손상된 혈관을 재빨리 응고시킴으로서 혈액의 손실을 예방한다.

④ 팔과 손으로의 혈액 공급

척골동맥과 요골동맥은 팔과 손으로 혈액을 보내는 주 공급동맥이다.

척골동맥(ulnar)과 그 가지들은 작은 손가락들이 있는 쪽의 팔과 손바닥으로 혈액을 공급하며 요골동맥(radial)과 그 가지들은 엄지손가락 쪽의 팔과 손등으로 보낸다. 주요 정맥들은 동맥과 거의 평형으로 놓여져 있으며 이름 또한 동맥과 같다. 동맥은 조금 깊이 놓여져 있고 정맥은 팔, 손, 다리 및 발의 표면에 가까이 있다.

⑤ 하부다리와 발의 혈액 공급

하부다리와 발로 보내는 주요 동맥은 몇 개가 있다. 넓적다리 부분이 동맥은 전면 경골동맥과 후면 경골동맥으로 나누어져 있다. 전면 경골동맥은 발등으로 내려가서 발에 혈액을 공급한다. 팔과 손에서와 마찬가지로 주요 정맥들은 동맥과 거의 평형으로 놓여져 있으며 그 이름들 또한 같다.

(4) 림프관 구조

림프관구조는 림프선구조라고도 하며, 이는 혈액 순환구조를 도우며 이것은 림프 저장소와 림프관, 그리고 림프선으로 구성되어 있다. 림프는 무색투명하며 혈액 혈장에서 만들어진다.

이것은 혈장이 모세관 벽에서 여과되는 과정에서 생겨난다.

조작 유동체는 조직 공간 속에서 세포들을 씻어주고 그 신진대사 과정에서 생기는 폐기물 대신 영양분을 보급한다. 이 유동체는 림프선이나 혹은 림프 모세관으로 흡수 되어 이것이 림프 결절을 통과하는 동안 다시 여과되고 해독된다. 이것은 결국 다시 혈액 속으로 들어가게 된다.

림프의 기본 기능은 다음과 같다.

① 혈액이 닿지 않은 몸의 부분에 도달하여 그 교환물질을 혈액과 더불어 운반한다.
② 혈액으로부터 영양분을 세포로 전달한다.
③ 침투되는 박테리아나 독극물을 방지한다.
④ 세포로부터 폐기물을 혈액 속으로 옮긴다.
⑤ 세포들의 적절한 유동환경을 만들어준다.

5) 분비구조

분비구조는 혈류 속으로 물질을 분비시키는 내분비선이다. 분비선은 물질을 분비시키는 특수한 기관이다.

분비선은 어떤 요소를 인체에 필요한 다른 새로운 복합체를 만든다. 분비선은 호르몬이나 다른 화학물질을 직접 혈류 속으로 분비함으로써 신진대사나 다른 신체적 작용을 하게 된다.

이 분비구조는 신경구조와 협력하여 인체의 모든 기관과 구조들을 규제하고 통합한다.

6) 배설구조

배설구조는 신장, 간, 피부, 장과 폐를 포함하며 이는 폐기물을 배설시킴으로써 인체를 정화시킨다.

다음의 것들은 배설구조의 각 부분을 맡고 있다.

① 신장은 소변을 배설한다.
② 간은 담즙을 방출한다.
③ 피부는 땀을 발산시킨다.
④ 대장은 분해된 음식이나 소화되지 않은 음식을 배설시킨다.
⑤ 폐는 탄소 이산화물을 토해낸다.

신진 대사과정에서는 여러 가지의 독극물이 형성되며 이것들이 그냥 몸에 남아 있을 경우 인체에 독이 된다.

7) 호흡구조

호흡구조는 가슴 속에 있으며 이는 양쪽 갈비뼈로 보호되어 있다.

횡격막은 근육 같은 것으로 된 칸막이이며, 이는 호흡을 조절하고 복부와 구분시킨다.

폐는 공기를 흡입시키는 아주 미세한 세포로 구성 되어 있으며, 해면식 조직을 하고 있다. 그 뒷면에는 아주 가는 모세혈관이 있다.

사람이 숨을 쉴 때는 가스가 발생하게 된다. 들여 마실 때에는 산소가 혈액에 흡수되고 내 쉴 때는 이산화탄소가 나온다. 산소라는 것은 음식이나 물보다 더 중요한 것이다. 사람은 음식 없이 60일이나 생존할 수 있고 물 없이도 몇 일간은 살수가 있으나, 만일 산소가 없다면 단 몇 분 안에 죽게 될 것이다.

코로 숨을 쉬는 것은 입으로 쉬는 것보다 더 건강에 좋다. 왜냐하면 공기가 코를 통과하는 동안 따뜻해지기도 하지만 공기 중의 박테리아들이 콧속의 털에 의하여 제거되기 때문이다. 호흡은 활동의 정도에 따라 달라진다. 근육의 활동이나 많은 에너지의 소모는 산소를 더욱 필요로 한다. 따라서 호흡을 많이 하게 된다. 걸을 때는 서 있을 때보다 약 3배나 호흡하게 된다.

8) 소화구조

소화하는 것은 음식물을 인체에 필요한 것으로 바꾸는 과정이다. 소화 조직은 음식을 용해물로 바꾸어서 인체의 세포들이 사용할 수 있도록 한다. 소화는 입에서 시작하여 소장에서 끝이 난다. 음식은 입으로부터 인두와 식도를 통하여 위로 내려간다. 이 음식은 위와 소장에서 완전히 소화되어 혈류로 흡수된다. 대장은 직장을 통하여 나머지 찌꺼기를 저장한다. 음식물을 완전히 소화시키는 데는 약 9시간이 소요된다.

소화 분비에서 나오는 효소는 음식물을 화학적으로 변화시킨다. 소화효소는 어떤 음식물을 인체에서 사용될 수 있는 것으로 바꾸어주는 화학물질인 것이다.

격한 감정이나 홍분, 그리고 피로는 소화를 심각하게 방해한다. 그와 반면에 즐거움이나 편안함은 소화를 증진시켜준다.

06 손톱과 그 비정상의 상태

1. 개론

고객에게 직업적이고 책임감 있는 서비스를 하려면 손톱의 구조와 그 기능을 먼저 배울 필요가 있다. 또한 어떤 상태에서 고객의 일을 하는 것이 안전한지, 또 어떤 상태에서 그 고객이 피부와 전문의사에게 가봐야 하는지를 알아야 한다.

인체에서 손톱은 아주 흥미롭고 또 경이적인 부분이다. 손톱은 인체의 건강 상태를 측정하는 거울과 같은 것이다. 건강한 손톱은 부드럽고 광택이 나며 투명한 핑크색이 난다. 인체의 어느 구조에 이상이 생기면 그 손톱은 비정상적이 되면 불완전한 성장을 한다. 손톱을 전문적인 용어로는 오닉스(ONYX)라 한다.

손톱은 피부의 일부이며 이는 피부나 머리카락과 같은 단백질과 각소(KERATIN)로 만들어져 있다. 손톱은 가장 강한 각소로 구성되어 있다. 머리카락의 각소도 강하지만 손톱만큼 강하지는 못하다. 피부는 부드러운 각소로 되어 있다. 손톱과 발톱의 목적은 손가락 끝과 발가락 끝을 보호하며 어떤 작은 물건을 잡는데 도움을 준다. 성인의 경우 손톱은 1개월에 1/8 인치 정도 자라고 발톱은 더 늦게 자란다.

손톱은 5개월~6개월에 완전히 다른 손톱으로 재생된다. 또한 손톱은 겨울보다 여름에 더 빨리 자라며 가운뎃손가락이 제일 빨리 자라고 엄지손가락이 제일 늦게 자란다.

2. 손톱의 부분

전체 손톱 구조는 손톱 그 자체의 부분과 손톱 밑과 손톱 주위의 피부로 구성된다.

1) 손톱의 부분

손톱 자체는 손톱 본체(ANLL BODY)와 손톱 뿌리(NALL ROOT), 그리고 프리 에지(FREE EDGE 손톱 끝)로 구성된다. 네일 바디 혹은 네일 프레이트는 손톱의 본체이며 이것은 각 손가락의 끝에 붙어있다. 보기에는 손톱은 1개의 조각으로 되어 있는 것 같지만 실은 여러 층으로 구성된다.

네일 루트는 손톱이 자라기 시작하는 곳이다. 이것은 손톱의 근원이 되는 곳으로서 피부 밑에 묻혀 있다.

2) 손톱 밑의 구조

손톱 밑의 구조라 함은 네일 베드와 매트릭스 그리고 루뉴라를 포함한다. 네일 베드라고 하면 네일 바디가 놓여 있는 그 밑 부분의 피부를 말한다. 네일 베드에는 혈관이 통해 있어서 손톱이 자라는 영양분을 공급한다. 네일 베드에도 또한 신경이 있다.

네일 매트릭스에는 림프관과 혈관과 더불어 신경이 있으며, 이것은 손톱의 세포를 생산하며 손톱의 성장을 조정한다. 이것은 네일 루트의 밑에 있다. 매트릭스는 손톱의 부분 중에서 아주 예민한 부분이며 만일 이것이 손상을 입으면 손톱이 불균형하게 성장하게 되며 비정상적인 손톱이 된다. 매니큐어를 하는 동안 이곳에 심한 압박을 가하지 않도록 조심할 것.

루뉴라는 연한 색의 반달 모양을 하고 있으며 손톱의 베이스에 있다.

3) 손톱을 쌓고 있는 피부

손톱을 둘러 싸고 있는 피부라고 하면 큐티클(CUTICLE), 네일 폴드(NALL FOLD), 네일 그루브(NALL GROOVE), 네일 월(NALL WALL), 에포니키움(EPONYCHIUM), 파로니키움(PARONYCHIUM), 그리고 하이포니키움(HYPONYCHIUM)을 포함한다.

큐티클은 손톱부분을 덮은 피 부분을 말한다. 정상적인 큐티클은 느슨하고 유연하다.

네일 폴드 혹은 만텔(MANTEL)은 네일 루트가 묻혀있는 손톱 베이스에서 깊이 접혀 있는 피부를 말한다.

네일 그루브는 손톱이 따라서 자라는 네일 베드의 양측 면을 말한다.

네일 월은 그루브 위에 있는 손톱 양측면의 피부을 말한다.

에포니키움은 손톱 베이스에 있는 가는 선의 피부이며, 이것은 네일 월에서 네일 프레이트로 뻗쳐 있다.

파로니키움은 전체의 손톱을 둘러싼 피부 부분이다.

하이포니키움은 프리 에지 밑 부분의 피부이다.

3. 비정상의 손톱

손톱의 비정상 상태라고 하면 손톱에 상처를 입었거나 또는 질병이나 몸의 불균형 같은 것으로 인하여 발생된 상태를 말한다. 대부분의 고객들은 이러한 상태를 경험한 적이 있을 것이며 이미 메니큐어의 스케줄이 잡혀있는 사람 중에서도 그런 사람이 있을 수 있을 것이다.

네일 디자이너로서 당신은 이 손톱의 비정상 상태의 증상을 알아내는 것을 배워 그 고객의 서비스를 할 것인가 안할 것인가를 자신 있게 결정할 수 있을 것이다. 비정상 상태의 손톱을 가진 고객에게 2가지 중 한 가지를 택하게 함으로써 고객을 도울 수가 있을 것이다.

고객에게 손톱의 이상이 있음을 말해주고 의사에게 갈 것을 권하거나 미용적인 방법으로 비정상 상태의 손톱을 교정해줌으로써 고객의 손톱을 아름답게 할 수 있다.

그 고객의 손톱 작업을 해도 안전한지의 결정은 당신의 책임인 것이다. 작업을 해서는 안 되는 이상 손톱의 증상을 알 수 있는 방법을 배워야 한다. 당신이 특별한 주의를 하면 그 이상 손톱의 일을 할 수 있을 것인지 또는 그 이상 상태를 미용적으로 교정할 수 있을 것인지도 알아야 한다.

당신은 고객의 손톱 건강을 위하여 자신 있는 단안을 내리려면 골든룰(GOLDEN RULE = 훌륭한 규정)을 사용하라.

골든 룰이란 손톱이나 피부에 염증이나 감염증, 찢어졌거나 부어 있으면 네일 디자이너가 그 고객의 서비스를 해서는 안 된다고 하는 것이다. 그 대신 의사에게 갈 것을 권유할 것. 염증 상태는 그 부위가 붉고 쓰라리다. 감염증 상태는 고름의 징조가 보인다. 염증과 감염증은 때로 같이 발생하기는 하지만 꼭 같은 것은 아니다. 피부나 손톱이 찢어졌다는 것은 베었거나 찢기어서 그 조직 구조의 깊은 층이 노출된 것을 말한다. 피부가 떠 올라왔다거나 부었다는 것은 정상적인 피부보다 더 위로 올라와 있게 나타난다.

다음에 열거된 리스트는 이상 손톱의 명칭과 그 간단한 처방법을 기술하였다. 첫 번째 리스트는 이상 손톱의 명칭과 만일 감염이나 염증이나 찢어졌거나 부어 있는 증상이 없다면 네일 디자이너가 다루어도 되는 것이고, 당신이 서비스해도 좋다는 리스트이다. 두 번째 리스트는 그 이상 정도가 심하여 네일 디자이너로서 다룰 수 없고 의사에게 갈 것을 권하여야할 것들을 기술하였다.

4. 네일 디자이너가 서비스할 수 있는 손톱

멍든 손톱이라는 것은 네일 프레이트 밑에 피가 응결된 상태다. 이 응결은 네일 베드에 어떤 손상을 받았을 때 생긴다. 이것은 적갈색에서 흑색으로 변할 수 있다. 때에 따라서는 멍든 손톱은 그 치료되는 기간 중 손톱이 떨어져나갈 수도 있다. 멍든 손톱에는 인조 네일을 붙이는 것을 권할 수가 없다.

손톱의 변색은 손톱의 색깔이 황색이나 푸른색, 검푸른색, 녹색, 적색 또는 자색 등 여러 가지 색깔로 변하는 상태를 말한다. 이 변색을 좋지 못한 혈액 순환이나 심장 상태, 그리고 일반적인 치료나 구강치료를 받을 때 일어 날 수도 있다. 이것은 또한 구조적인 이상을 나타낼 수도 있다. 이것은 인조 손톱이나 랩(WRAP = 감싸는 것), 혹은 색상 있는 네일 폴리시를 바르므로 그 상태를 감출 수가 있다.

계란 껍질 손톱(EGGSHELL NAIL)은 얇고 희고 후리엣지가 휘어있다. 이것은 영양상태의 부적합이나 내과적 질병이나 어떤 치료를 받고 있거나 혹은 신경 계통의 이상으로서 발생되는 상태이다. 이러한 손톱을 매니큐어할 때는 조심해야 한다. 왜냐하면 이런 손톱은 잘 깨지고 또 부서지기 쉽기 때문이다. 이것은 파일(보드로 된줄)의 보드라운 쪽을 사용하여 약하게 줄질할 것이며 철재 푸셔(PISHER) 같은 것으로 네일 베이스를 압박하면 안 된다.

고랑 파진 손톱(FURROW) 또는 주름 잡힌 손톱(CORRUGATION)이라고도 하는데, 이것은 손톱의 세로나 가로로 긴 골이 잡혀있다. 어떤 세로인 골은 정상적인 성인들에게도 있으며, 이것은 나이 먹음에 따라 같이 커지기도 한다. 이것은 또한 순환기 계통의 이상이나 동상 같은 것으로 기인될 수도 있다. 가로로 있는 골은 고열이나 임신이나 어렸을 때 홍역을 앓거나 또는 체내에 아연 질이 부족할 때 생기기도 한다. 만일 그 골이 너무 깊지 않고 또 손톱이 부러져 있지 않은 상태라면 이 비정상적인 표면을 당신이 교정해도 된다.

이 골을 없애거나 작게 하기 위해서는 부석 가루(PUBICE POWDER)로 문지른다. 나머지 골은 릿지 필러(RIDGE FILLER)로 채우고 그 위에 유색 폴리시를 칠하여 손톱이 부드럽고 건강하게 보이도록 한다.

행 네일(HANG NAIL 거스러미 손톱) 또는 애그 네일(AGG NAIL)이라고도 함은 손톱 주위의 큐티클에서 자주 있는 상태이다. 이 행 네일은 큐티클이 너무 건조하거나 너무 손톱 가까이 깎았을 때 일어난다. 이러한 이상 상태는 기름(OIL)으로 큐티클을 부드럽게 한 다음 니퍼(NIPPER)로 잘 다듬으면 된다. 간단하고 통상 있는 상태라고 해도 적절히 서비스 하지 않으면 염증을 일으킬 수도 있다.

루코니키아(LEUCONYCHIA ; 백색조갑)는 손톱에 흰 반점이 나타나는 상태이다. 이것은 공기의 기포나 멍이 들거나 혹은 다른 손상으로 인하여 발생되는 것이며 교정할 수가 없다. 그러나 자라서 없어진다.

니버스(NEVUS 모반점)는 밤색이나 검은색의 얼룩점이 손톱에 있는 것으로 손톱에서 일어나는 색소의 작용이다. 네일 폴리시나 인공 네일 서비스로 이것은 감출 수가 있다.

오니카트로피아(ONYCHATROPHIA ; 조갑위축) 또는 아트로피(ATROPHY)는 손톱이 없어지는 현상이다. 손톱의 광택이 없어지고 오므라들며 떨어져 나간다. 이것은 네일 매트릭스에 손상을 입거나 혹은 내과적 질병에 의해 생겨난다. 이 상태는 아주 조심해서 취급해야 한다. 에머리 보드에 부드러운 쪽을 사용할 것이며 철재 푸셔(PUSHER)나 강한 비누 혹은 세척 파우다(WASHING POWDER)를 사용해서는 안 된다. 만일 이것이 어떤 내과 질환으로 발생된 것이고 또 질환이 완전 치료된 상태라면 이 손톱은 다시 자라나게 된다.

오니킥시스(ONYCHAUXIS ; 조갑비대) 혹은 하이퍼트로피(HYPERTROPHY)라고도 함. 오니카트로피아와 정반대의 현상이 나타난다.

오니킥시스는 손톱이 과잉성장을 하여 손톱이 비정상적으로 두껍다. 이 상태는 통상적으로 내과적 질환이나 국부적인 감염이나 혹은 유전으로 발생한다. 이러한 손톱은 아주 부드럽게 줄질하고 부석 가루(PUNICE POWDER)로 문지른다.

오니코크립토시스(ONYCHOCRYPTOSIS) 또는 인그로운 네일(INGROWN NAIL ; 속으로 자라는 손톱)이라고도 함. 손톱이나 발톱이 양쪽의 살을 파고 들어가는 현상이다.

적절치 못한 줄질이나 혹은 발에 맞지 않는 신발 등으로 인하여 생긴다. 만일 손톱 분위의 살이 감염되어 있지 않거나 손톱이 살 속으로 너무 깊이 파고들지 않은 상태라면 당신이 그 손톱 가장자리를 다듬어서 네일 그루브의 압박을 덜어 줄 수 있다. 만일 손톱이 너무 깊이 파고들어 갔다면 의사에게 갈 것을 권해야 한다.

오니코화지(ONYCHOPHAGY ; 교조증)는 의학적인 술어로서 손톱은 너무 심하게 물어뜯어 그 형태가 나빠진 것이다. 이것은 직업적인 매니큐어 기술로서 잘 교정될 수 있다. 이 책의 매니큐어링 장에서 기술한 대로 자주 매니큐어링을 할 것. 이 장에서 설명하는 바와 같이 인조 손톱이나 랩(WRAP) 등으로 변형된 손톱은 아름답게 될 수 있다.

오니코렉시스(ONYCHORRHEXIX ; 조갑종렬증) 이것은 손톱이 갈라지거나 부서지는 상태이며 세로로 골이 파져 있다. 이것은 손톱의 부상이나 또는 큐티클솔벤트(용해제) 나 네일 폴리시 제거제의 과다한 사용 부주의와 거친 줄질 등으로 발생된다. 이 경우는 손톱이 후리엣지 밑에까지 갈라지지 않았다면 네일 서비스를 할 수 있다. 이때는 손톱 수정 조치로서 손톱을 부드럽게 해주고 거친 비누와 폴리시 제거제의 사용을 금하고 부적절한 줄질을 하지 않으므로서 수정될 수 있다.

테리지움(PTERYGIUM ; 익상편)은 큐티클이 손톱 위로 자라는 상태이다. 만일 손질을 해주지 않으면 이 큐티클은 손톱에 붙어서 계속 프리 에지까지 자라게 된다.

손톱 물어 뜯는데 대한 충고

손톱을 물어뜯는 것은 당신의 비지니스에까지 침투된다. 이 사람들의 습관을 고치는 데는 다음의 다섯 가지 방법을 써 보라.

- 주의 : 한번씩 매니큐어할 것을 권하고 서비스를 향상 시켜 보라. 그 차이점을 발견하게 되면 자기 손톱에 대한 관심이 커지고 또 그 습관을 없애려고 노력할 것이다.
- 팁(TIP)이나 랩(WRAP)을 붙여보라. 입 안에서의 현저한 감각의 차이점을 느끼게 되며 그 충격으로 하기 싫어질 수도 있다.
- 침을 맞을 것을 권해보라. 이것은 흡연자나 과식자, 그리고 손톱 물어뜯는 습성이 있는 사람에게 많은 효과가 있는 것으로 알려져 있다.
- 10개의 손톱에 같은 그림을 그려 보라. 한번 물어뜯으면 그 그림이 망가지게 될 것이며 따라서 그 행동에 대한 거부 반응이 나올 것이다.
- 6주 간의 계획을 세워서 고객으로 하여금 선불하도록 하여 반드시 실천토록 할 것. 매번 올 때마다 큐티클과 손톱 손질을 해주고 손톱 물어뜯는 버릇을 없애는 방법에 관하여 논한 다음 손톱 물어뜯는 방지약과 쓴맛이 나는 약초가루를 주어서 돌려 보내 보라. 이 상태는 핫 오일 매니큐어(더운 기름) 교정방법으로 쉽게 고칠 수가 있다. 즉 큐티클을 부드럽게 한 다음 철제 푸셔로 밀어 제거시킨다.

5. 네일 디자이너가 서비스할 수 없는 상태

몰드(MOLD ; 사상균증)는 손톱의 프리 에지와 인조 네일 사이에 습기가 스며들어 생겨나는 일종의 진균염증(곰팡이) 상태이다. 몰드는 의사에게 치료받지 않으면 처음에는 황록색으로 시작하여 흙색으로 되었다가 검은 색으로 변한다. 몰드 현상의 고객은 의사에게 가도록 권해야 한다.

오니키아(ONYCHIA ; 조갑염)는 손톱의 어딘가에 감염된 상태다. 손톱 밑의 살이 붉거나 불어 있으며 고름이 형성될 수도 있다. 이것은 때로 소도구들을 잘 위생처리하지 않고 사용할 때 생길 수 있다.

오니코그라이포시스(ONYCHOGRYPHOSIS ; 조갑구만증)는 손톱의 만곡이 확장되고 커지는 현상이다. 손톱이 두꺼워지며 구부러지고 때로는 손가락이나 발가락 끝 밖으로 확장된다. 이 상태는 염증을 일으킬 수 있고 손톱이 피부 속으로 자라면 통증이 생긴다. 이상 상태는 어디서 발생되는 것인지 알려져 있지 않다.

오니콤마이코시스(ONYCHOMYCOSIS ; 조갑진균증), 티니아운(TINEAUNGUIM)은 진균 식물성 균에서 감염되는 질환이다. 통상적으로 이것은 희미한 팻치(PATCH 덧붙여 지는 것)가 생기고 긁어서 없앨 수도 있다.

두 번째로는 손톱에 황색의 긴 줄무늬가 생기기도 한다. 이 병은 손톱의 프리 에지로 침투하여 뿌리 방향으로 퍼져 나간다. 감염된 곳은 두껍고 변색되어 간다. 세 번째로 형성되는 것은 손톱의 더 깊은 층으로 침투하여 손톱의 표면층이 불균형하게 얇아진다. 이렇게 감염된 곳은 떨어져 나가게 되며 그 부분에 네일 베드가 나타나게 된다.

오니콜리시스(ONYCHOLYSIS)는 손톱과 네일 베드 사이가 되면 처음에는 후리엣지에서 시작하여 점차적으로 누류라까지 번지게 된다. 그러나 떨어져 나가지는 않는다. 이것은 내과적 질환이나 외상, 감염 혹은 약물 치료로 인해 생긴다. 이것은 손톱이나 발톱에서 생길 수가 있다.

오니콥토시스(ONYCHOPTOSIS ; 조갑탈락증)는 손톱의 일부분 혹은 손톱 전체가 주기적으로 손가락에서 떨어져나가는 상태이다. 이것은 한 개의 손톱이나 혹은 몇 개의 손톱에서 일어날 수도 있다. 이것은 매독과 같은 질병이나 고열 또는 약물 반응이나 외상으로 나타날 수가 있다.

파로니키아(PARONYCHIA ; 조갑주위염)는 손톱 주위의 조직에 박테리아의 감염 현상이다. 이 증상은 빨개지고, 부어오르며 살이 물러진다. 이것은 네일 프레이트 주위 네일 베이스나 혹은 손가락 끝에서 생겨날 수도 있으며 만성 파로니키아는 오랫동안 계속하여 나타나기도 하며 이는 손톱 자체를 손상시킨다.

파로니키아는 위생처리되지 않는 도구를 사용하거나 너무 심하게 밀어붙이거나 큐티클을 심하게 잘라냄으로서 생긴다.

파이로제닉 그래뉴로마(PYROGENIC GRANULOMER ; 화농성육아종)는 심한 염증 상태로 네일 베드에서 네일 프레이트로 붉은 살이 자라나온다.

07 피부와 그 비정상의 상태

1. 개론

직업 네일 디자이너로서 고객을 책임 있게 또 직업적으로 서비스하기 위하여는 기초적인 피부와 그 비정상 상태에 관한 이해가 있어야 한다. 당신은 고객의 손과 발의 피부를 증진시켜 줄 기회가 있을 것이며, 그렇게 함으로써 고객의 외모를 돋보이게 해줄 수 있을 것이다. 아름답고 건강한 피부에다 네일 작업을 했을 때 고객들은 가장 아름답게 보일 것이다. 더욱이 고객의 피부 상태에 따라 어떤 때에 작업을 해서는 안 되고 어떤 화학품을 사용해서는 안 된다는 것을 아는 것은 당신의 책임인 것이다. 피부에 관한 지식을 가짐으로써 당신은 감염 질병의 확산과 피부의 이상 상태를 더욱 악화시키는 것을 방지할 수 있게 된다. 어떤 특수한 서비스나 특수한 제품을 사용할 때 그 고객의 피부에 적절한가를 판단하기에 앞서 당신은 피부는 무엇이며, 또 그것이 어떤 기능을 하는가에 대한 일반적인 지식을 가져야 한다.

2. 건강한 피부

네일 디자이너로서 건강 피부와 이상 피부를 공부하는 피부과에 관하여 배워야 한다. 건강 피부란 약간 습기가 있고 산성이며 부드럽고 유동성이 있어야 한다. 늙은 피부가 아닌 이상 건강 피부는 탄력성이 있어야 한다. 건강 피부는 어떤 결함이나 질병이 없고 살결이 부드럽고 매끄러워야 한다. 인체의 피부는 그 두께가 다 다르다. 눈꺼풀의 피부가 가장 엷고 손바닥과 발바닥 피부가 가장 두껍다.

1) 피부의 기능

피부는 인체에서 8가지 일을 한다. 즉 보호, 유동체의 손실 방지, 외부 자극에 대한 대응, 열 조정, 분비, 배설, 흡수 및 호흡 등이다.

① 보호 : 피부는 온몸을 감싸고 있으며 그 훼손과 '박테리아'의 침입을 막는다.

② 유동체의 손실 방지 : 피는 인체 내의 혈액과 기타 유동체를 봉함하고 있다.

③ 외부적 자극에 대한 대응 : 피부에는 신경의 끝 부분이 있어 어떤 열이나 찬 것이나 촉감이나 압력, 그리고 통증 같은 것에 대처한다. 이 예민성으로 인하여 인체를 가장 안락한 상태에 놓여지게 된다.

④ 열 조정 작용 : 피부는 인체를 화씨 98.5도(섭씨 37도)를 유지하게 한다. 외부의 온도 변화에 따라 피부의 혈액과 한선(땀 구멍)이 작용하여 덥게도 하고 차게도 하여 내부 온도를 유지시킨다.

⑤ 분비작용 : 피부의 피지선(기름 구멍)이 지방을 분비시켜 피부로부터의 과다한 수분 증발을 방지함으로 피부의 적절한 습기를 유지해준다.

⑥ 배설작용 : 한선은 피부에 있는 기공을 통하여 몸에 있는 용분과 기타 폐기된 화학물질을 배기시킨다.

⑦ 흡수작용 : 피부는 기공을 통하여 약간의 화학 물질이나 약품 또는 화장품을 흡수시킨다.

⑧ 호흡작용 : 피부는 기공을 통하여 호흡을 한다. 산소를 흡입하고 이산화탄소를 내보낸다.

2) 피부의 구조

피부는 2개의 층, 혹은 부분이 있다. 바깥쪽의 층을 표피라고 하고, 그 표피 밑에 있는 것을 진피라고 한다.

(1) 표피

표피는 또한 큐티클(CUTICLE) 혹은 스칼프 피부(SCARF SKIN)라고도 한다. 피부의 가장 외부에서 보호작용을 한다. 표피에는 혈관은 없으나 작은 신경 끝이 있다. 표피는 다음 4가지 층으로 되어 있다.

스트라덤 코니움(STRATUM CORNEUM) 각질층이라고도 하며 비누같은 세포로 단단히 싸여져 있으며 계속적으로 떨어져나가고 재생된다. 이 세포는 각소(KERATIN)를 형성하며, 이 각소는 피부와 손톱과 털을 만드는 물질이며 또한 방수 역할도 한다.

스트라텀 루시덤(STRATUM LUCIDUM ; 과립층)은 맑은 세포의 작은 층이며 빛이 통과할 수 있다.

스트라텀 그랜유로섬(STRATUM GRANULOSUM)은 미립자 모양의 세포를 하고 있으며, 이것은 피부 외면 가까이에서 각소로 변한다.

스트라텀 쥬미나티범(STRATUM GERMINATIVUM ; 종자층) 전에는 스트라텀 뮤코섬(STRATUM MUCOSUM)이라고 했으며, 또한 말피히얀(MALPIGHIAN)의 기초로도 불린다. 이 층은 여러 가지 모양을 한 세포로 된 여러 개의 층으로 되어 있다. 그 맨 밑에 층은 계속적으로 닳아 없어지는 세포를 다시 만들어내는 역할을 한다. 이것은 또한 멜라닌(MELANIN)이라고 하는 흑 색소를 가지고 있으며 이것이 피부 색깔을 결정하며 태양이나 자외선 램프로부터 과다한 자외선으로 인한 세포 파괴를 막아준다.

(2) 진피

진피는 피부의 깊은 층이며 또한 진자 피부라고도 하고 더마(DERMA), 코리움(CORIUM), 큐티스(CUTIS)라고도 한다. 이 층에는 혈관, 림프관과 신경과 한선, 그리고 피지선이 있으며 상호간 교원질을 이루며 탄력성을 갖는다. 이 진피는 3개의 다른 층으로 형성된다.

파피라리층(PAPILARY)층은 표피 바로 밑에 있으며 파필레(PAPILLAGE)라는 원추형 같은 발사력을 가지고 있어 외피로 밀어올리는 힘이 있다. 어떤 파필레는 고리 달린 모세관과 작은 혈관이 있고, 어떤 것은 신경 끝이 있다. 이 층에는 또한 약간의 흑 색소도 있다.

렉티큐라층(RECTICULAR)은 지방 세포와 혈관 및 림프관과 한선 및 피지선, 그리고 털의 난포를 가지고 있다.

피하(SUBCUTANEOUS) 조직은 애디포스(ADIPOSE)라고 하는 지방조직으로 되어 있다. 이 조직은 인체의 부드러움과 외형 형성을 해주며 지방질을 저장하고 있어 필요한 에너지에 소모되고 외부 피부에 대한 쿠션 역할을 하여 피부를 보호한다. 이것은 두께나 나이와 성별, 그리고 각 개인의 일반적인 건강 상태에 따라 다르다.

3) 피부의 영양공급

피부는 혈액과 림프에 의해 영양이 보급된다. 혈액과 림프에 관한 상세한 것은 제5장 참조 전체의 1/2 혹은 2/3 정도의 혈액이 피부로 공급되고 있다. 혈액과 림프는 피부와 손톱, 그리고 털(머리카락 등)의 성장과 교정에 필요한 기본 영양을 공급한다. 피하조직의 동맥과 림프맥에는 털의 난포나 피부선에 영양을 보낼 수 있는 작은 모세관들이 수없이 많다.

4) 피부의 신경

신경은 코드선 같은 섬유질로 되어 있으며 이것이 인체의 각 기관으로부터 메시지를 대뇌나 척수 같은 중앙신경구조로 보낸다. 피부에는 많은 신경섬유의 끝이 있다.

이 신경 끝은 촉각소구라고 불리며 다음의 기능을 한다.

운동신경은 털의 난포에 붙은 혈관이나 알레타 필리(ARRECTOR PILI)의 근육을 움직인다. 이 근육들은 서로 충돌한다.

지각신경은 진피의 파리라리(PAPILLARY)층에 있으며 피부에 촉감을 준다(만지는 감각). 이것들은 열이나 찬 것이나 터치(닿는 것)나 압력, 그리고 통증 따위에 대한 반응을 일으키게 한다. 지각신경 끝은 손 끝에 가장 많다. 진동과 같은 복잡한 감지는 이러한 신경 끝의 복합에 의한 감도로 알게 된다.

부비(Secretory)신경은 한선과 피지선의 신경이다.

5) 피부의 선

피부에는 혈관에서 어떤 물질을 끌어내어 다른 물질로 만들어 내는 선관(DUCT GLAND)이 있다. 이렇게 새로 만들어진 물질은 인체에 사용되도록 분비되거나 또는 인체 밖으로 배설시킨다.

한선(땀샘)은 발한 작용으로 몸의 온도를 조절하고 폐기물을 내보낸다. 비록 신경구조가 이 땀의 배설을 조정하고 있지만, 열이나 운동이나 흥분, 그리고 약 같은 것의 작용으로 그 활동은 굉장히 증가된다. 염분이 섞인 1~2 파인트의 액체가 피부의 땀구멍을 통하여 매일 배출된다.

한선에는 코일로 단 밑부분(환다스 FUNDUS라고 한다)과 튜브처럼 생긴 닥트(DUCT)

가 있으며 이것은 피부 표면에서 땀구멍을 형성한다. 땀구멍은 피부 표면의 작은 구멍으로 이것에서 한선이 땀을 내 보낸다. 몸의 대부분에 이 한선이 있다. 손바닥과 발바닥과 이마, 그리고 겨드랑이에 이 한선이 가장 많다. 이 장의 첫머리에서 배운 것처럼 피지선은 씨범(SEBUM ; 피지)이라고 하는 지방질을 배출한다.

씨범(SEBUM)은 피부를 윤활시키고 털을 부드럽게 한다. 손바닥과 발바닥을 제외하고는 인체의 모든 곳에 이 피지선이 있다. 피지선에는 작은 액낭과 털의 난포에 열려 있는 닥트로 구성되어 있다. 피지선의 액낭에서 씨범(SEBUM)이 생산되면 닥트를 통하여 털의 난포로 나오게 된다. 이 씨범(SEBUM)이 굳거나 닥트가 막히면 여드름이 생기게 된다. 정기적으로 피부를 깨끗이하면 이 닥트가 막히는 것을 예방할 수 있다.

6) 피부의 탄력

진피의 파피라리(PAPILLARY ; 유두)층에 있는 탄력 조직은 피부가 잡아당겨진 다음 다시 원상으로 되돌아오는 능력을 가지고 있다. 사람은 나이가 먹음에 따라 조작의 탄력성이 손실되어 간다. 이런 피부는 늘어져서 주름이 잡히기 시작한다. 왜냐하면 더 이상 원상으로 복귀할 수 없기 때문이다.

3 . 피부의 이상 상태

당신은 네일 디자이너로서 고객에게 서비스를 하는 것이 안전하고 적절한지를 결정할 수 있도록 피부의 이상 상태에 관하여 공부할 필요가 있다. 그 목적은 더 이상 그 질환의 감염이 퍼지지 않도록 하고 또 이 감염 상태에 있는 고객을 더 이상 악화되지 않도록 하는데 있다. 당신의 고객과 상담하는 동안 그 고객의 피부를 잘 관찰하고 그 고객에게 서비스하는 결정을 내리는데 특수한 지식을 사용할 것. 의사만이 신찰을 할 수 있지만 당신은 그 고객에게 이상 상태가 나타내는 증상을 알 수 있는 방법을 배워야 한다. 실제로는 어떤 피부의 이상 상태를 알아내는 것은 몹시 힘이 든다. 따라서 당신은 결정을 내릴 때는 반듯이 '골든 룰' (GOLDEN RULE)을 적용해야 한다.

이상 상태의 골든 룰(GOLDEN RULE)이라 함은 작업을 하고자 하는 피부 부위가 감염이나 염증, 찢어져 있거나 또는 부어 있으면 네일 디자이너는 그 고객의 서비스하지 말라는 것이다. 자극 되어 있는 피부는 붉고 쓰리고 부어 있다. 자극된 피부는 감염된 피부와는 다르다. 감염된 피부는 고름의 징조가 있다. 찢어진 피부는 표피가 베여졌거나 찢기여서 일어나며 피부의 깊은 층이 노출된다. 부어 있는 피부는 피부 상태의 변화 증상이다. 이들 중 어떤 것은 다음 기술하는 피부 손상들이다. 만일 피부가 조금이라도 부어 있으면 서비스를 하지 말고 의사에게 갈 것을 권할 것.

1) 피부의 부스럼

손상이라는 것은 피부가 어떤 부상이나 질환에 의해서 형태상의 변화를 말한다. 피부 손상의 차이점들을 공부함에 있어 당신의 고객에게 작업(JOB)을 해도 안전한 것인지 아닌지를 결정 짓는데는 반듯이 '골든 룰' (GOLDEN RULE)을 적용하는 것을 잊지 말아야 한다.

뷰라(BULLA ; 수포)는 물질이 생긴 수포.

크라스트(CRUST ; 가피)는 표피 껍질에 장액과 농이 섞여 누적된 상태이다.

액스코리에이션(EXCORIATION ; 찰상)은 긁거나 마찰로 인해 생긴 상처.

휫셔(FISSURE ; 열상)는 피부에 금이 생겨 진피가 나오는 상태. 손이나 입술에 금이 가는 것이 예로 된다.

마큘(MACULE ; 반점)은 피부에 작은 반점이나 팻치(PATCH)가 생긴 것이다. 어떤 마큘은 문제가 없지만 어떤 것은 문제가 있다.

파플(PARULE ; 구진)은 작은 뾰루지이며 그 속에 액체는 없으나 화농이 될 수는 있다.

파스출(PASTULE) 밑에는 염증이 있고 위에는 농이 있는 부스럼이다.

스케일(SCALE)은 외피가 떨어져 나감으로 생기는 것이며 심한 비듬이 떨어지는 것이 그 한 예가 된다.

상처(SCAR)는 엷은 색깔이며 약간 부어있는데, 이것은 다친 곳이나 어떤 상처 입은 것이 아문 다음에 생기는 흔적이다.

스테인(STAIN)은 사마귀나 주근깨 같은 것이 생겼다 없어진 다음에 생기는 약간 퇴색된 자국이다.

튜버클(TUBERCULE)은 파플(PAPULE)보다는 큰 부스럼이며, 이것은 완두콩만한 크기에서 호도만한 크기로 변한다.

튜모(TUMOR)는 이상 세포의 집채이며, 이것은 크기와 모양과 그 색깔이 변한다. 작은 혹 같은 것이 '튜모' 이다.

울사(ULCER)는 피부나 인체의 점액 막에 생긴 상처이다. 통상적으로 울사는 농을 동반

하여 피부가 파이게 된다.

베시켈(VESICLE)은 맑고 액체가 들은 종기가 생긴 상태이다.

휠(WHEAL), 혹은 하이브(HIVE)라고도 함. 휠은 부어오르고 피부가 가려우며 몇 시간 간다. 이것은 벌레에게 물리거나 알러지 반응으로도 나타난다.

2) 피부의 염증 상태

피부에는 여러 가지 형태의 염증 상태가 있다. 또한 피부염이라고도 함. 피부에 염증이나 감염, 또는 피부가 부어 올랐거나 헤쳐진 곳이 있으면 그 부근의 작업을 하지 말 것. 이러한 피부 이상 상태의 고객에게 작업을 할 때는 대단히 조심하여야 한다. 왜냐하면 피부는 예민하기 때문에 화학물질 사용으로 인하여 더욱 악화될 수 있기 때문이다.

에그제마(ELZEMA=습진)는 원인을 알 수 없고 오래 가는 만성형이다. 특징은 가렵고 따가우며 진물이 난다.

(1) 담그는 세척

고객의 피부를 건강하게 보이고 또 느끼게 하기 위해서 파라핀(PARAFFIN) 치료를 권해 보라. 이것이야 말로 가장 적은 돈으로 최대의 효과를 낼 수가 있다.

네일 폴리시를 제거시키고 에모리엔트(EMOLLIENT)를 듬뿍 묻혀 손과 발을 마사지한 다음 파라핀 왁스 속에 담근다. 담그기를 몇 초씩 반복하여 피부층과 로션 사이에 왁스가 스며들도록 한다. 3~4회 거듭한 다음 플라스틱 백에 싸서 벙어리장갑(MIT) 속에 집어넣는다. 10분 후에 왁스를 벗기면 고객의 손과 발은 아주 건강하고 부드럽게 보일 것이다.

(2) 피부의 감염

고객의 피부에 신균(FUNGUS) 감염이나 바이러스(VIRUS)가 감염되어 있는 상태라면 서비스를 할 수가 없다. 이러한 고객은 의사에게 가도록 권해야 한다.

무좀(Athlete' s foot). 티니아페디스(TINEA PEDIS)라고도 하고 버짐이라고 하는데, 이것은 발에 생기는 진균 감염이라 그 증상으로서 작은 핑크색 물집이 생기고 한쪽 혹은 양쪽 발바닥이나 발가락 부근이 몹시 가렵다. 심한 경우는 손가락에 생길 수도 있다. 무좀은 전염성이 강함으로 네일 디자이너는 만지지 않아야 한다.

수포진은 치과나 입을 치료하는 사람에게 자주 걸리는 피부 감염이다. 처음에는 통증이 심한 파로니키아(PARONYCHIA)로 시작된다(제6장 참조). 이것은 주기적으로 발생되는 심각한 바이러스 감염이다.

버짐은 진균에 의해 발생되는 것이며 전염성이 강하다. 주된 증상은 붉은 부스럼이 생기거나 둥근 줄이 생긴다.

3) 피부 색소(Albinism ; 백반증)

피부의 색깔은 부분적으로 피부 혈액 공급에 달려있지만 주로 멜라닌(MELANIN)이라고 하는 색소로 결정된다. 비정상 색소 현상은 외적 혹은 내적 요소로 기인될 수 있다. 어떤 약물로서도 불규칙 색소 현상이 나타나기도 한다.

알비니즘(ALBINISM)은 선천적으로 피부와 털, 그리고 눈을 포함한 인체의 흑색 부족증으로 피부는 핑크색으로 머리털은 실키한 백색이다. 이것은 태양에 타지 않는다. 눈은 핑크색이고 피부는 일찍 늙는다. '알비니즘' 은 '루커더마' (LEUCODERMA)형이며 일반용어로 색소부족증이라고 한다.

크로아주마(CHLOASMA ; 기미)는 특히 손과 얼굴에 밤색 반점이 생긴다. 이것은 '리바스파트' (LIEVER SPOT) 혹은 모즈패치(MOTH PATCH)라고 불리운다.

렌티지니즈(LENTIGINES) 혹은 후렉클스(FRECKLES)라고도 함은 작은 밤색 또는 황색 반점이 생긴다.

버즈 마크(BIRTH MARK) 또는 니버즈(NEVUS ; 모반)라고 함은 비정상적인 색소나 모세관의 확장으로 생긴 피부의 기형 상태이며 이것은 유전에서 오기도 한다.

탠(TAN ; 갈색화)은 태양의 자외선에 노출되어 그을은 피부이다. 비틀아이고(VITILIGO)는 후천적으로 얻은 루커더마(LEUCODERMA ; 백피)현상이며, 이는 피부와 머리털에 영향이 간다. 이런 사람은 태양으로부터 보호되어야 한다.

4) 피부의 이상 발달(HYPERTROPHY)

케라토마(KERATOMA ; 각화종) 혹은 굳은 살은 손이나 발에 어떤 압력이나 마찰로 인하여 표피가 둥글고 두껍게 된 상태이다. 이것이 안으로 자라면 티눈이 된다.

몰(MOLE ; 기태)은 피부에 작은 밤색 반점이 있다. 이 몰(MOLE)은 유전되는 것으로 알려져 있다. 이것의 색깔은 주황색에서 밤색 혹 검푸른 색으로 여러 가지다. 어떤 몰(MOLE)은 작고 납작하여 딱지처럼 보이고 또 다른 것은 피부 위로 솟아 있으며 딱지보다 더 검게 보인다. 이 몰(MOLE) 속에서 이따금 털이 나기도 한다. 이 털을 만지거나 뽑지 말 것.

메라노틱 쌀코마(MELANOTIC SARCOMA ; 흑색육종)는 몰(MOLE)의 성장으로 시작되는 치명적인 피부암이다. 만일 몰(MOLE)에 어떤 변화가 생기면 즉시 의사에게 가보아야 한다.

08 고객과의 상담

1. 개론

서비스를 시작하기 전에 고객과 대화하는 시간을 가지고 또한 고객의 건강기록 카드와 서비스 카드를 작성할 것.

고객과 대화하는 동안(고객상담) 당신은 고객의 일반적인 건강 상태와 손톱과 피부의 건강 상태, 그리고 고객의 생활 양식과 요구사항 및 당신이 지금부터 하고자 하는 서비스에 관하여 의논할 것. 당신이 가지고 있는 피부와 손톱과 네일 서비스에 관한 설명을 해주고 고객으로 하여금 가장 적절한 것을 택할 수 있도록 할 것. 만일 그 고객이 당신이 서비스를 할 수 없는 비정상 상태라면 일단 의사에게 가도록 종용하고 치료가 끝나면 서비스를 받도록 권할 것. 훌륭한 고객 상담을 할 수 있다는 것은 직업적인 네일 디자이너와 그냥 네일 작업을 하는 것의 차이점이다.

2. 손톱과 피부의 상태 진단

1) 고객의 요구와의 만남

고객이 최종적으로 결정한 네일 서비스는 어떤 것인가?

고객의 요구와 고객의 기대와 또 건강 상태의 관찰을 마친 다음 고객의 선택을 확인하든지 아니면 다른 서비스를 권하든지 하라. 이 시점에서 왜 이 서비스가 고객에게 가장 알맞으며 또한 그 서비스를 하는 동안 어떤 절차를 밟을 것인가, 그리고 어떤 결과가 나올 것인가에 관하여 고객에게 설명하라. 예를 들면 고객이 랩(WRAP)한 것이 그 상태로 영구히 있게 된다던가 또는 손질하지 않게 된다고 생각지는 말게 해야 할 것이다. 랩(WRAP)이 밖으로 자라나오기 시작하면 당신이 아무리 훌륭한 직업적 서비스를 했어도 아마 고객은 실망할 것이다.

작업을 하는 동안 안전주의에 관하여 설명하는 것이 가장 적절하다. 예를 들면 당신이 아크릴 네일을 붙이고자 한다면 프라이머(PRIMER)를 바를 때 왜 당신이 보안경을 써야 하는지를 설명하고 고객에게도 쓸 것을 권하는 것도 좋은 방법일 것이다.

이러한 절차가 끝난 다음 작업을 개시하는 것이 당신과 고객에게 가장 좋은 서비스라는 것을 확인하게 될 것이다. 시간과 돈을 현명하게 써야 한다. 네일 서비스는 고객의 생활양식과 상충되어서는 안 되며, 고객의 기대에 맞아야 한다. 당신이 고객의 건강과 안전에 관심을 가지고 있다는 것을 알게 되면 고객은 만족한 상태로 살롱을 떠나게 될 것이며 다시 고정 고객으로 당신을 찾을 것이다.

2) NO라고 말할 수 있는 때를 알아야 한다

훌륭한 대화에는 때로 다른 직업 디자이너도 참가시켜서 당신이 하기 힘든 것을 해결하는 것도 포함된다. 작업하고자 하는 곳이 감염되어 있거나 염증이 있거나 터져 있거나 또는 부어 있으면 절대로 매니큐어나 페디큐어를 하지 말아야 한다. 피부과 의사들의 명단을 준비해 두었다가 고객이 편리한 대로 찾아 갈 것을 기술적으로 권하라. 특별한 문제점에 관하여 당신의 능력으로 해결할 수 없음을 솔직히 시인해야 한다. 그리고 깨끗이 완치된 다음에 당신이 정기적인 매니큐어와 페디큐어로서 건강한 손과 발을 유지하도록 해주겠다는 것을 강조할 것. 이러한 것을 잘 지키는 네일 디자이너에게는 고객들이 고마워하며 자주 찾아오는 단골손님이 된다.

3) 고객의 건강/ 기록카드 작성

고객의 건강기록카드 용지는 살롱마다 다르다. 이 카드는 모든 네일 디자이너들이 편리하게 볼 수 있는 장소에 보관한다. 만일 이 건강기록카드를 컴퓨터로 관리한다면 간단하게 컴퓨터 키를 눌러서 쓸 수 있다.

고객 건강/ 기록 카드

- 성명
- 집주소
- 직장주소
- 집전화
- 직장전화
- 예약하기 좋은 시간
- 고객의 인적사항
  1. 어떤 종류의 일을 하시는지?
  2. 손을 사용하는 어떤 취미생활을 하시는지?
  3. 어떤 운동 활동에 참가하시는지? 있다면 어떤 운동?
  4. 집안 일을 하실 때 고무장갑을 사용하시는지?
  5. 얼마나 자주 직업적인 네일 서비스를 받는지?
- 의료기록

다음의 질병이 있는지요?	없다	있다
관절염		
암		
당뇨		
심장질환		
고혈압		

- 상기의 질문 중 만일 있다면 어떤 치료를 하고 있는지?
- 지금까지 심장마비 경험은 있는지? 있었다면 얼마 전에?
- 우리가 알아야 할 기타 이상 상태나 의료 중인 것이 있는지?

고객 서비스 기록 카드

- 성명
- 집주소
- 직장주소
- 집전화
- 직장전화
- 예약하기 좋은 시간

날짜	제공한 서비스	사후처리	네일담당 디자이너	건강상태

날짜	판매한 제품	가격

4) 다음 서비스를 위한 상담

통상적으로 고객의 건강/기록카드에는 3가지 중요한 것이 포함된다.

일반 사항 : 고객의 성명, 주소, 전화번호. 편리한 약속 시간을 물을 것.

고객의 인적 사항 : 직업과 취미 생활을 물을 것.

의료기록 사항 : 고객의 일반 건강 상태를 물어서 그 고객에게 네일 서비스를 하는 것이 안전한지, 손과 발의 마사지를 해도 안전한 가를 참고한다.

5) 고객 서비스 기록 유지

고객이 서비스를 받을 때마다 카드에 기입할 것. 실시한 서비스의 종류와 판매한 물건, 그리고 다음 번의 서비스에 관한 기록을 한다. 이 기록카드는 그 고객을 단골로 서비스해 온 네일 디자이너가 없을 때를 대비해서 매우 중요하다.

이 고객 건강/기록카드나 서비스 카드는 당신이 직업적인 네일 디자이너라는 것을 나타내는 도구이기도 하다. 직업적인 네일 디자이너로서 고객의 건강과 안전, 그리고 고객이 받는 서비스의 질에 관하여 관심을 가질 것이다.

제 3 부 기본 절차

09 매니큐어링 (Manicuring - 손미용)

그림 9-1

우리는 최근 생활 주변(백화점, 대형 미용실 또는 유동인구가 많은 중심지 등)에서 심심치 않게 네일 바, 네일 살롱 등을 접할 수 있으며, 네일 전문용품 판매점도 발견할 수 있다.

아직은 많은 이들이 일상생활 속에 익숙치 않은 생소한 분야이기에 궁금해 하면서도 선뜻 살롱 안으로 들어가 자신 있게 손을 내밀지 못하고 그저 막연히 네일 살롱 안에서의 일들을 큐티클 정리, 네일 에나멜 칠하기 또는 긴 인조손톱 붙이기 정도로 생각한다. 또 큐티클 정리와 네일 에나멜(우리는 매니큐어라고 잘못 호칭하고 있음) 바르는 정도야 혼자서도 충분히 할 수 있는 일인데 불구하고 남의 손에 맡기어 돈을 낭비한다 생각하기도 한다.

그래서 네일 살롱에 드나드는 것 자체만을 사치로 생각하며 일부 특수층의 전유물로만 오해하기도 한다. 그도 그럴 것이 필자가 처음 네일 아트에 관심을 가졌을 때만 하여도 지금과 같이 쉽게 네일 살롱이라든가 백화점 내에서의 네일 바 등을 볼 수 없었다. 미용실에서 서비스 차원에서 큐티클 정리 정도와 본인 스스로가 네일 에나멜의 색상을 의상 또는 기분에 따라 선택하여 바르는 정도였으니 말이다.

이와 같이 잘못된 인식을 불식 시키고 올바른 손과 손톱의 관리 방법과 자기만의 개성 표출을 위하여 어떠한 기법들이 있는가 한정된 지면이나마 많은 관심과 참여가 있기를 희망하며 자세히 설명하고자 한다.

1. 개론

여기에서는 당신이 직업적인 네일 디자이너가 되기 위한 기본적인 절차와 기법을 배우게 된다. 그 기법을 충분히 활용하여 고객의 만족을 얻을 수 있으면 자신감을 가지고 능률적으로 자기 발전을 할 수 있을 것이다. 영업을 하는데 필요한 도구, 미용품 등을 배우고 거기에는 네 가지 형태의 네일 기술 관련 도구와 물품이 있다.

① 기구
② 소도구/도구
③ 재료
④ 네일 미용품

2. 네일 기술 재료

1) 기구(Equipment)

소모되지 않고 사용되는 것을 기구라고 한다. 그 기구들은 마모되어 사용 불가능할 때까지 오랫동안 사용할 수 있을 것이다.

(1) 조정 가능한 램프가 부착된 작업대

표준형 작업 테이블은 각도 조정이 가능한 조명을 램프가 부착되고 견고하고 청결한 서랍(미용 재료를 보관할 수 잇는 위생적인)을 가지고 있다. 램프는 40W이어야 한다. 그 이상의 촉광은 미용 작업에 방해가 될 수 있고, 그 이하의 촉광은 발열량이 너무 작아서 특히 에어컨디셔너가 잘되고 있는 곳에서는 고객의 네일을 충분히 따뜻하게 할 수 없을 것이다. 고른 작품을 만들어 내기 위하여 적당한 발열량이 필요한 것이다.

(2) 고객용 의자와 디자이너용 의자 / 스투울 걸침

① 손 세척기(Fingerbowl)

고객의 손끝을 물에 담가서 부드럽게 할 수 있는 더운 소독 비눗물을 담을 수 있는 용기로서 플라스틱 또는 도자기로 된 용기.

② 습기 소독기(Wet sanitizer)

도구의 소독/살균을 위해 소독 액체를 담고 기구를 담글 수 있는 용기로 보통 사용하지 않을 때를 위해 뚜껑이 있다.

고객용 쿠션 베게 모양의 매니큐어 전용으로 디자인된 것이며, 보통 수건을 그 크기와 같이 접어 얹어서 사용하는데, 매 고객마다 위생적으로 소독 처리된 타월로 그 쿠션을 커버해서 사용함이 좋겠다(일회용 커버 사용).

그림 9-2 기구 소독제

③ 소독솜 보관기(Cotton container)

청결한 탈수용 솜을 보관하는 그릇이다.

④ 재료 받침대(supply tray)

작업에 소요되는 미용품, 폴리시 제거제, 크림 등을 담아놓은 쟁반.

⑤ 전기 네일 건조기(electric nail dryer)

네일을 속히 건조시키기 위한 전기기구로 반드시 있어야 하는 것은 아니다. 열선, 공기 흐름, 자외선을 이용한 방법이 있다.

2) 소기구(Implements)

소기구는 일단 사용한 후에는 반드시 소독 처리를 한 후에 다른 고객에게 사용한다. 또한 이는 매우 작거나 섬세하여 액체 소독기로만 살균소독이 가능한 것들이다.

(1) 오렌지우드 스틱(Orangewood stick)

이 도구는 큐티클(손톱 뿌리 둘레의 굳은살)을 다듬을 때 사용되며, 연필을 잡는 식으로 잡고 일한다. 미용품을 바르려면 스틱 끝에 솜을 말아 사용하면 될 것이다.

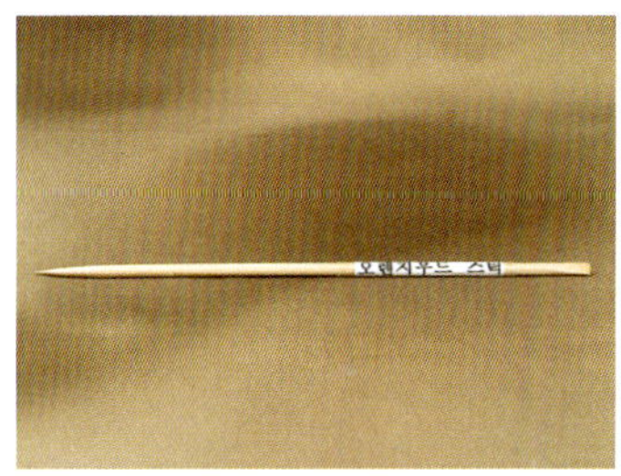

그림 9-3 오렌지우드 스틱

(2) 스틸 푸셔(Steel pusher)

큐티클 푸셔라고도 하며 자라난 여분의 굳은살을 밀어올리는데 사용한다. 네일 표면을 상하게 할 위험이 있으며 날카로운 곳을 좀 둥글게 만들어 사용할 것이다.

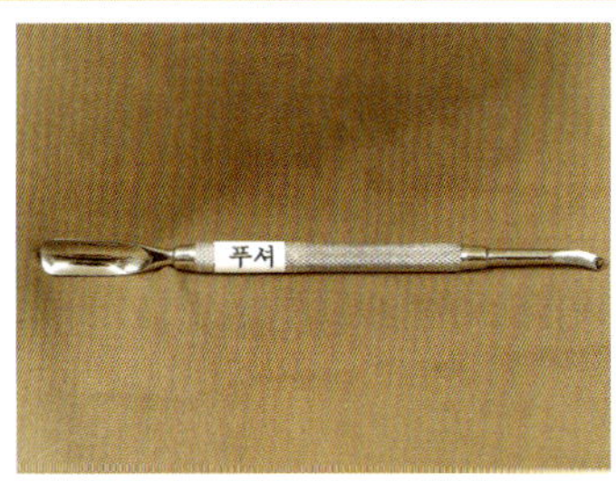

그림 9-4 푸셔

(3) 메탈 네일 파일(Metal nail file)

네일의 끝 부분을 갈아 고르게 만드는데 사용되는 줄이다. 대게 7~9인치 길이의 도구를 사용하는데, 이보다 더 작은 것의 사용을 금하고 있다. 이 기구는 철제이며 오랫동안 교체하지 않고 재사용이 가능한 것이므로 한번 사용한 후에는 반드시 살균소독 처리를 해야 한다. 잡는 방법은 한쪽에 엄지를 뒷면에 다른 손가락으로 잡고 작업한다.

❖ 위생상 주의 사항
오렌지우드 스틱을 바닥에 떨어뜨렸을 경우 반드시 폐기해야 하며 소독 후 재사용도 불가능하다. 쓰던솜의 재사용도 안 된다. 사용후 반드시 버린다.

(4) 에머리 보드(Emery Board)

디자이너들은 철제 파일보다는 비철제인 본 에머리 보드 연마기를 즐겨 사용하고 있다. 에머리 보드는 거친 면과 부드러운 면으로 되어 있는데, 약한 손톱을 가진 사람들을 위하여 거친 철제 연마 기구보다 안전하고 일하기 좋다. 에머리 보드의 거친 면은 손톱의 여분을 제거할 때 부드러운 면으로는 손톱 끝 둘레를 매끄럽게 다듬거나 각도를 만들 때 사용한다. 넓은 쪽을 손에 잡고 좁은 쪽으로 연마작업을 할 것이며, 손톱 끝에 각도를 내주려면 약 45도 각도로 잡고 약간의 압력을 가하면서 연마할 것이다. 통상 7~8인치 길이의 에머리 보드를 즐겨 사용하고 있다. 에머리 보드는 소독이나 살균처리가 불가능한 소모품이므로 사용 후 고객에게 주거나 절반으로 꺾어서 폐기 처리해야 할 것이다. 특정 고객에게 사용한 것은 플라스틱 주머니 등에 보관하였다가 다음에 그 고객에게 사용하겠다는 것은 잘못된 생각이며, 아마도 그 고객의 다음 예약 이전에 박테리아균이 많이 번식할 것이다.

그림 9-5 우드 파일

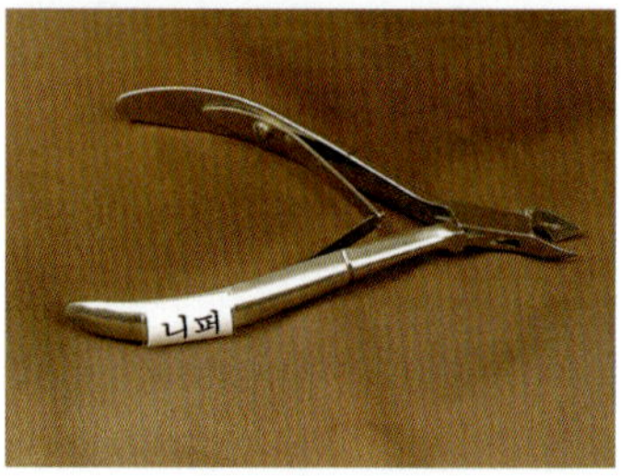

그림 9-6 니퍼

(5) 큐티클 니퍼(cuticle nipper)

손톱의 각질 부분을 정리하거나 인조손톱 등을 제거할 때 쓰는 도구이다.

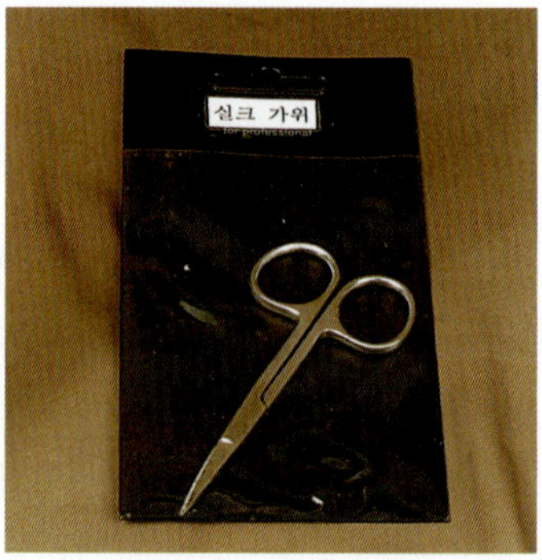

그림 9-7 실크 가위

(6) 실크 가위(Silk scissors)

얇은 실크나 파이버 글래스 등을 자를 때 사용한다.

(7) 네일 브러시(솔)

따뜻한 비눗물에 담그었던 손톱을 정결하게 세척하는데 사용된다. 세척 작업시 비눗물이 아래쪽으로 향하도록 잡고 솔질한다.

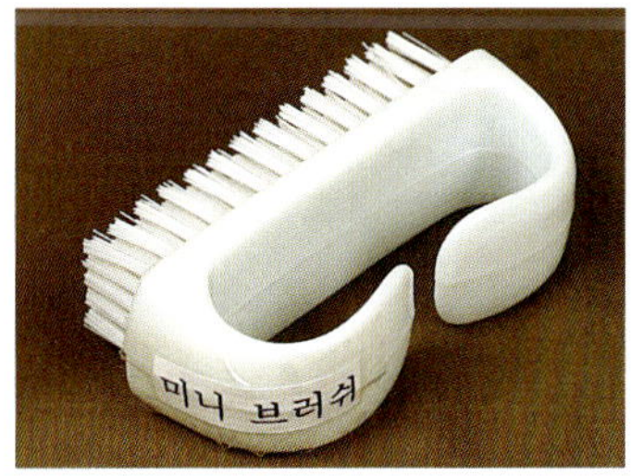

그림 9-8 미니 브러시

(8) 샤미 버퍼(Chamois burrer)

샤미 버퍼는 손톱 표면을 매끄럽고 번쩍거리게 하고 손톱 표면의 거칠음과 기복을 제거하는데 사용된다. 이것은 2종류가 있는데, 첫번째 것은 손잡이가 벌어진 것, 두번째 것은 손잡이가 닫혀진 것으로 나뉜다. 첫번째 브러시 손잡이 윗부분을 네 손가락으로 둘러 잡고 엄지 손가락으로 옆을 받쳐 잡아 손질 방향을 잡아주도록 한다. 손잡이가 폐쇄되어 있는 것은 엄지손가락을 버퍼 주변에 대고 작업한다.

또 다른 방법은 중지와 약지를 샤미 버퍼 손잡이 사이에 넣고 잡아주는 방법도 있다. 교사의 지도를 받을 것.

❖ *위생상 주의사항*

애머리 보드를 바닥에 떨어뜨렸을 경우 반드시 폐기해야 한다. 애머리 보드는 소모품으로서 소독이나 재사용이 불가능하다.

(9) 네일 클리퍼(Fingernail chippers)

손톱깎기로서 손톱을 짧게 잘라주는데 사용된다. 고객의 네일이 긴 경우에 잘라주고 갈아주어야 할 것이다.

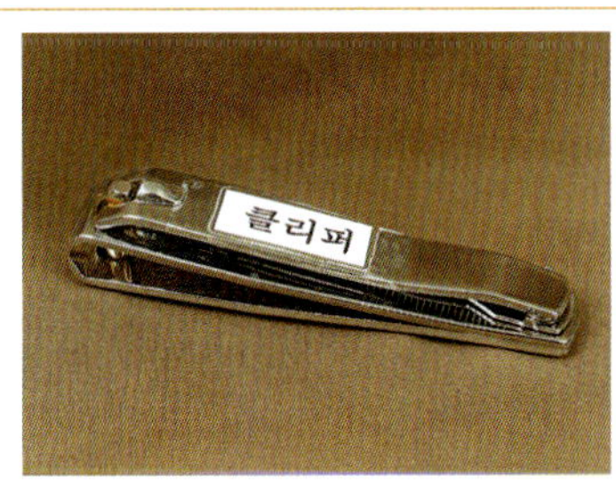

그림 9-9 클리퍼

(10) 도구/기구 등의 소독 처리

매 고객마다 완벽하게 살균소독 처리된 기구들을 사용할 수 있게 하기 위해서는 모든 기구들을 2개씩 보유함이 현명할 것이다. 만약 한 개밖에 없을 경우에는 그를 소독 처리 하는데 필요한 시간이 최소한 20분 이상 걸린다는 것을 기억하라. 소독 처리를 위한 몇 개의 힌트는 다음과 같다.

① 모든 기구를 한번 사용한 후에는 더운 비눗물로 세척할 것이며, 비누 성분을 깨끗한 물로 완전히 씻어내야 한다. 그리고는 소독 처리된 수건으로 말끔히 닦아내야 할 것이다.
② 한번 사용된 모든 철제 도구들은 반드시 액체 소독기에 담궈 살균소독을 해야만 하는데, 소독기에는 바닥에 솜을 깔아주고 허용된 소독 용재로 가득차 있어야 하며, 필요한 소독 시간은 20분마다 소독 처리된 철제 기구들은 위생 처리된 타월로 닦아 말려준다.
③ 위생 처리된 미용기구들을 다음에 사용할 때까지 보관하는 것과 규정을 지키기 바란다. 그 규정은 밀봉된 용기와 플라스틱 주머니 또는 위생 기구함에 보관하는 것을 말해주고 있다.

3) 재료(MATERIALS)

매니큐어 미용을 시행하는 데에 소요되는 소모품을 말하며, 이는 한번 사용한 후에는 버려야 하는 것들이다.

(1) 일회용 수건, 테리 크로스 타월

청결하고 소독 처리된 부드러운(테리고리 모양으로 된 천) 테리 타월은 고객의 테이블 손 받침 쿠션 덮개로 사용된다. 다른 정결한 타월은 고객의 손을 세척한 후 물기를 말리는데 사용되어야 하고, 핑거 볼 그릇 주변의 물기를 닦아내기 위하여 일회용 타월을 사용할 수 있다.

그림 9-10 솜

(2) 솜 또는 솜볼

솜은 폴리시를 제거한다든지, 오렌지우드 스틱 끝에 솜을 말아서 각종 미용품을 바른다든지 하는 데에 사용된다. 일부 디자이너들은 섬유질이 없는 인조 솜을 사용하고 있으며, 이는 섬유 잔여물을 남기지 않기 때문에 윤기를 내는 폴리시 작업을 매우 쉽게 할 수 있다.

(3) 플라스틱 스파툴라(Plastic spatula)

스푼 모양의 도구로서 각종 미용품 등을 적당량을 꺼내는데 사용된다. 절대로 손으로 꺼내지 말라. 손에서 전염된 병균들이 번식할 것이 분명하기 때문이다(나무로 만든 것과 플라스틱 2종류가 있다).

(4) 플라스틱 주머니

미용 작업 중에 버려지는 소모품, 폐기물, 오물 등을 잠시 담아두기 위하여 미용 테이블 옆에 매달아 놓은 것이다. 모든 휴지통은 내부에 플라스틱 주머니를 넣어 쉽게 자주 갈아주도록 한다.

(5) 알코올

알코올은 작업 테이블, 그리고 사용되는 기구들을 소독하는데 사용된다.

(6) 명반 분말 또는 지혈제 분말(Powdered alum/styptic powder)

이는 매니큐어 작업으로 인하여 발생할 수 있는 미소한 출혈 현상을 정지시키기 위하여 사용되는 것이다. 출혈 현상이 보이는 곳에 오렌지우드 스틱 끝에 솜을 말아 명반 가루를 환부에 바른다. 액상용 지혈, 분말용 지혈제가 있다.

그림 9-11 액상용 지혈제

4) 네일 미용품

직업적인 네일 디자이너로서 당신은 그 미용품이 어디에 쓰이며 그 내용이 무엇인가를 알아야 할 것이다. 개인의 미용품을 언제, 어떻게 사용할 것인가, 또한 알러지가 있거나 매우 예민한 고객에게 언제, 어떤 미용품을 피해야 할 것인가를 알아둘 필요가 있다. 여기에서 우리는 얼마간의 기본적인 네일 미용품과 그것의 효과, 그리고 성분은 무엇인가에 관하여 공부할 것이다.

(1) 살균 비누(Antibacterial soap)

이 비누는 따뜻한 물에 풀어서 핑거 볼 세척 작업에 사용한다. 이 비누의 성분은 세척제와 박테리아균 살균제로서 고객의 손을 위생처리한다. 이 비누들은 액체, 케이크형태의 고체, 작은 구슬 형태(좁쌀 모양의), 그리고 엷은 조각 모양의 모두 네 가지 형태로 나와 있다.

(2) 폴리시 제거제(Polish remover)

이미 있는 폴리시(Polish)를 제거하기 위해 사용된다. 보통 유기질의 용해제와 아세톤 액으로 되어 있으며 기름을 섞어서 아세톤의 증발 속도를 늦추는 제품도 있다. 인조손톱에는 아세톤 성분이 없는 제거제를 사용해야 한다. 아세톤은 인조손톱의 끝부분을 녹이거나 약하게 만들며 특히 스컬프처드 손톱(sculptured nail)은 그 자체가 녹아 버릴 수도 있다.

그림 9-12 리무버

(3) 큐티클 크림(Chticle cream)

이 크림은 손톱 뿌리 둘레의 굳은살을 부드럽게 만들어 주는 작용을 한다. 보통 라노린수지, 코코아 버터, 석유 성분, 벌꿀 왁스와 같은 지방 성분과 왁스 성분으로 되어 있다.

(4) 큐티클 오일(Cuticle oil)

큐티클(굳은살 껍질)과 손톱의 들뜨는 것을 방지, 억제하거나 부드럽게 만들어 주며, 매니큐어 미용 후 마지막에 발라 손을 더욱 아름답게 보이도록 해준다. 성분은 식물성 유지, 바이타민(E), 광물성 기름, 조조바(Jojoba), 그리고 야자수 기름이다. 잠자리에 들기 전에 이 오일을 바르도록 권장함도 좋을 것이다.

그림 9-13 큐티클 오일

(5) 큐티클 용해제와 제거제(Cuticle solvent of cuticle remover)

이것은 굳은살 껍질을 유연하게 만들어 제거 작업을 쉽게 해주며 굳은살의 갈라지는 것을 억제해 준다. 성분은 5% 정도의 소디움/갈륨에 글리세린이 첨가된 것이다.

(6) 표백제(Nail bleach)

손톱의 표면이나 끝 부분이 황색으로 변해 있는 것을 희게 표백해 주는데 사용된다. 과산화수소가 주성분이며 완제품을 구하기 어려울 때는 약 20보륨(6%)의 과산화수소 액을 사용하면 된다.

(7) 네일 화이트너(Nail whitener)

손톱 끝 아래 부분이 희게 보이도록 해주는 것으로 주성분은 산화연, 티타늄 디옥사이드이며, 제품은 크림, 페이스트, 코팅되어 있는 노끈 형태, 그리고 연필 형태로 제공되어 있다.

(8) 건성 폴리시

푸미스(pumice)라고도 불리며 분말가루 형태의 폴리시는 광택을 내주기 위하여 샤미스 버퍼를 가지고 연마 작업을 할 때에 사용된다. 어느 고객은 액체 폴리시보다 건성 폴리시의 사용을 원하는 경우가 있다. 이 폴리시는 산화아연, 활석분, 규토분 등으로 되어 거친 손톱 표면을 약간 갈아내 매끈하게 만드는 것이며, 보통 가루 형태나 크림 형태로 제공되어 있다.

그림 9-14 유색 폴리시

(9) 유색 폴리시, 액체 에나멜 또는 락커(lacqer)

유색 폴리시는 색상을 보이면서 광택을 보이게 하는 화장제이다. 통상 상하, 좌우로 두 번 발라준다. 보통 니트로 셀룰로오즈를 휘발성 용해액으로 용해시킨 것들이며 매우 휘발성이 빠르다. 제조회사들은 휘발성을 늦추기 위해 피마자기름을 섞기도 한다.

그림 9-15 베이스 코트

(10) 베이스 코트(Base coat)

무색 투명한 것으로 유색 폴리시(colored polish)

를 바르기 전에 손톱 표면에 발라 주는 것이다. 이는 유색 폴리시가 후일 누런 색으로 변색하는 것을 예방해 주며 손톱 표면이 더렵혀지거나 반점 등으로 오염되는 것을 예방해 준다. 다른 보강제를 사용하지 않는다면 이 베이스 코팅은 미용 작업에서 바르는 것으로서 최초의 작업이 된다. 베이스 코트는 색상 폴리시(polish)보다 송진 성분이 많아 손톱면에 잘 접착되어 나중에 바르는 유색 폴리시(polish)를 잘 붙어 있게 해준다. 주요 성분은 에탈아세테이트, 용해제, 아이소푸로필 알코올, 뷰틸 아세테이트, 니트로 셀룰로오즈, 송진, 포르말 디하이드 등이다.

(11) 네일 보강제(Nail strengthener/Hardener)

기초 코팅이 되는 베이스 코팅을 하기 전에 바르는 것으로 손톱이 찢어지거나 갈라지는 것을 예방해 주는 일종의 영양제이다. 시중에 나와 있는 보강제는 다음의 3종이다.

① 프로테인 하드너(Protein hardener)

무색 투명의 폴리시와 영양제가 혼합되어 있는 것으로 콜라겐(collagen) 같은 것이 있다.

② 나이론 섬유(Nylon fiber)

무색 폴리시에 나이론 섬유를 혼합한 것이다. 좌우, 상하로 두번 미용작업을 해주며, 나이론 섬유가 비쳐 보이는 것을 없애기 위하여 조금은 어려운 작업이 될 것이다.

③ 포르말 디하이드 보강제(Formaldehyde strengthener)

약 5% 농도의 포르말 디하이를 함유하고 있는 보강제이다.

(12) 탑 코트 또는 씰러(Top coat or sealer)

이것은 유색 폴리시(Polish)를 한 후 그 위에 무색 투명한 폴리시를 발라줘 더욱 빛나게 해주고 색상 폴리시를 보호해주는 보호막을 만들어 준다. 이는 니트로 셀룰로오즈, 톨 유인, 용해제 알코올, 폴리에스터, 송진 등을 함유한다.

그림 9-16 탑 코트

(13) 액체 건조제(Liquid nail dry)

미용 작업 후 미용된 색상 폴리시(Colored polish)등이 자연 건조되는 동안에 얼룩지거나 흘러내리는 등의 위험을 예방하기 위해 인공적으로 속히 예쁘게 건조시키는데 사용된다.

알코올을 주성분으로 하고 있으며 솔(Brush)로 바르거나 스프레이(Spray)로 분사시켜 준다.

(14) 핸드 크림 및 핸드 로션(Hand cream, Hand lotion)

손에 바르는 크림이나 로션은 시술 후의 마지막 조처로 고객의 손을 매우 아름답고 윤기 있게, 만족스럽게 해준다. 크림은 로션보다 좀더 끈끈하고 메마른 손에 많은 영양을 줌으로써 부드럽고 윤기가 나게 해 준다. 로션은 크림에 비하여 오일 성분이 더 많아 가벼운 느낌을 준다. 이들 크림과 로션은 핫 오일 매니큐어(Hot oil manicure) 미용의 사후 처리 미용(reconditioning)을 할 때 오일 대용품으로 사용할 수 있다.

그림 9-17 핸드&네일로션

(15) 네일 컨디셔너(Nail conditioner)

이것은 많은 수분을 함유하고 있어 잠자리에 들기 전에 발라 주면 손톱이 깨지거나 갈라지는 것을 예방해주며 건조하고 딱딱하게 된 큐티클(Cuticle)을 부드럽고 곱게 해준다.

※ *안전 주의사항*

모든 폴리시는 인화성이 강한 물질이다.

3. 작업 테이블 준비의 기본 절차

미용 작업 테이블은 매우 위생적이어야 하며 필요한 도구, 기구, 재료 미용품 등이 모두 제자리에 준비되어 있어야 한다. 모든 물건들이 모두 당신 손이 닿을 수 있는 위치에 사전에 준비되어 있으면 고객은 당신을 더욱 신임할 것이다. 테이블 위의 위치는 권장 사항으로 각 지방 주에 따라 조금씩 다르고 준비를 함에 있어 다음의 절차를 따르기 바란다.

① 미용 테이블을 소독약으로 닦아준다.

② 고객용 쿠션을 청결하고 소독된 수건으로 닦아주고 그 쿠션을 고객 앞의 테이블 중앙에 놓고 그 위에 덮은 타월의 끝 부분은 당신 쪽에 오도록 한다.

③ 액체 소독기 바닥에 솜을 깔고 알코올 소독액을 가득 넣어 필요한 철제 기구들을 소독하는데, 그 날 첫 고객을 받기 전 최소 20분 이전에 실시해야만 할 것이다. 이 액체 소독기는 당신이 오른손을 쓸 경우 오른쪽에, 왼손을 쓸 경우 왼쪽에 놓이도록 할 것이다.

④ 폴리시(polish)를 제외한 다른 모든 미용품들은 습식 소독기 뒤에 놓도록 한다(왼손을 쓸 경우는 왼쪽에 위치).

⑤ 에머리 보드(비 철제 줄)와 샤미스 버퍼(chamoi buffer)는 당신의 우측 테이블 위에 놓도록 한다.

⑥ 손 세척 용기(Finger bowl)와 솔(brush)은 테이블의 중앙이나 고객의 좌측에 놓도록 할 것. 손 세척 용기(Finger bowl)와 오일 가열기(Hot oil heater)등이 테이블 위를 건너뛰는 일이 없어야 할 것이며, 작업이 끝날 때까지 위치를 움직이지 않는 것이 좋다. 만약 핫 오일 매니큐어(Hot oil manicure)를 할 경우 테이블 위의 손 세척(Finger bowl), 솔, 전기로 된 오일 가열기 등을 다른 곳으로 옮겨야 한다.

⑦ 당신이 편리한 대로 테이블의 한 모퉁이에 플라스틱 봉지를 매달아 미용 작업 중에 생기는 쓰레기를 담도록 할 것이다.

⑧ 폴리시(Polish)는 당신의 왼쪽에 놓도록 하라(왼손을 쓸 경우 오른쪽에).

⑨ 작업 테이블 서랍 속에 다음과 같은 물건들을 보관할 수 있을 것이다. 솜, 솜볼, 여분의 플라스틱 봉지, 건조제 등 다른 소모품, 항상 정결하게 유지할 것이다.

서랍 속에 간수되는 철제 기구 등은 모두 알코올로 소독한 뒤 보관할 것이며, 한번 사용한 소모품은 다시 보관해서는 안 된다. 오직 소독시킨 기구, 도구 등을 위생 처리된 플라스틱 봉지 등에 넣어 보관하며 항상 깨끗하게 해야 한다.

4. 손톱 모양의 선택

고객에게 어떤 모양의 손톱과 색상을 원하는지 질문하면서 고객의 손의 모양, 손가락 길이, 큐티클(굳은살)의 생김새 등을 살피고 그 고객이 어떤 일은 하는 분인가를 고려에 두고 선택을 하고 결정을 하도록 해야 할 것이다. 다음은 선택할 수 있는 네 가지 모양이다.

① 네모난 손톱(rectangular/square nail)은 손톱의 길이가 손가락 끝을 조금 더 나와 있는 상태로 그치고, 양쪽 모서리만 없애주는 식으로 다듬어 준다. 이러한 타입의 손톱은 전체 손톱의 넓이가 손톱 끝까지 나와 있으며, 타자수, 컴퓨터 종사자, 기계 조립 작업에 종사하는 사람들같이 짧은 손톱을 필요로 하는 사람들일 것이다.

② 둥근형 손톱(round nail)은 네모난 형보다 조금 더 자라나 있는 상태에서 양 모서리를 둥글게 다듬어준 것이다. 이와 같은 타입은 매우 자연스러운 형태로 남성 고객들이 즐겨 하는 것이다.

③ 오발형(oval type)은 여성에게 가장 아름답고 매력 있는 모양이라고 할 수 있다. 네모난 손톱의 양 모서리를 더 많이 둥글게 한 것이다. 손을 많이 노출되는 직업을 가진 직업 여성, 예컨대 학교 교사, 영업 사원(salesperson) 등은 좀 더 길다란 오발형을 원하는 수가 있다.

④ 송곳형(pointed type)은 손가락 자체가 가늘거나, 손톱 자체의 넓이가 비교적 좁은 사람들에게 적용하는 것이다. 이 타입은 손가락 자체가 가늘고 길게, 멋지게 보이기도 하지만, 길기 때문에 약하고 파손되기 쉬운 단점도 있다.

5. 습식 매니큐어 미용

매니큐어란 손과 손톱을 아름답고 건강하게 유지하기 위한 기초적인 관리로서 손 소독, 큐티클 정리, 네일 폴리시 바르기를 통틀어 일컫는다.

직업적인 네일 미용 디자이너로서 당신은 세 가지의 서비스 절차를 수행하게 된다. 첫 번째는 소독 처리를 하고 고객을 반갑게 맞은 다음 의견을 교환하여 적절한 판단을 하고, 두 번째는 실제의 네일 작업을 절차에 따라 정확히 시행하고, 세 번째는 다음 예약을 받는 등의 후속 처리 서비스를 하고 또한 작업 도중 설명하고 권유한 미용품 등을 판매할 수도 있다.

1) 습식 매니큐어 실시를 위한 사전 조치

① 사전 조치를 위한 위생처리 절차를 시행한다.

② 표준형의 미용 작업 테이블을 준비한다.

③ 고객을 반겨 맞는다.

④ 고객의 손을 세척, 박테리아 살균제가 함유되어 있는 비누를 사용하여 손을 세척하고 위생 처리된 타월로 손과 손톱을 말끔히 닦는다.

⑤ 고객의 취향. 문의 고객의 위생 건강기록을 기록, 유지한다. 고객의 의견과 과거의 기록, 현재의 상태를 감안하여 어떤 처리가 가장 안전하고 좋을 것인가를 정한다. 만약 고객에게 서비스를 해주는 것이 부적당하다고 판정될 때에는 그 이유를 설명해 주고 의사에게 가도록 권유할 것이며, 서비스를 시행함이 적절하다고 판단될 때에는 계획대로 서비스를 시행한다.

⑥ 매니큐어의 시작. 오른손을 쓰는 사람은 왼손부터 시작하고, 반대로 왼손을 많이 쓰는 사람은 오른손부터 시작한다. 많이 사용하는 손은 더 오랜 시간 동안 물에 담궈 불려야(soak)하기 때문이다.

2) 습식 매니큐어 미용 절차

네일 작업을 실시하는 동안 당신이 사용하고 있는 네일 재료와 네일법을 설명해 주면서 다음 방문 때까지 집에서 조치해야 할 것과 그에 필요한 미용 재료 등을 권장하기 바란다. 폴리시(polish), 로션, 탑 코트(top coat), 그리고 에머리 보드(boad emery) 등이 될 수 있을 것이다.

그림 9-18 매니큐어링 준비물

▶ *주기 : 모든 절차들은 오른손을 사용하는 사람을 기준으로 하였다.*

① 폴리시 제거(romove polish)

왼손부터 시작하되 솜에 제거제(remover)를 흠뻑 적셔서 폴리시를 녹여 제거한다. 인조손톱은 비아세톤 성분의 제거제를 사용해서 인공 물질의 파괴를 피해야 할 것이다. 제거제를 묻힌 솜을 손톱 위에 대고 마음속으로 하나부터 열까지 센 뒤 걸쭉하게 녹은 상태의 묵은 광택 막을 손끝을 향하여 닦아 낸다. 한번으로 모두 제거되지 않을 경우 완전히 제거될 때까지 동일한 작업을 계속한다. 큐티클(cuticle) 근처 파진 곳의 제거 작업은 오렌지우드 스틱 끝에 솜을 말아 제거제를 묻혀 작업하도록 한다. 모든 손가락에 반복 작업을 하여야 한다.

미용법의 요령(tip)

솜을 미리 두 손바닥으로 길게 말아 놓으면 매우 편리하며, 솜이 손이나 손톱 위에 묻는 것을 예방할 수 있다. 묵은 폴리시 막을 벗겨 내는 또 하나의 편법은 조그만 솜에 프레제트(pledgets)라고 불리는 제거제를 묻혀 다섯 손톱 모두에게 얹어 놓아 동시에 제거 작업을 하는 수도 있다.

② 손톱의 모양 만들기

에머리 보드 혹은 철제 파일을 이용하여 손톱 모양을 갈아 만드는 작업을 한다. 왼손의 새끼손가락부터 당신의 엄지와 인지 사이에 잡아주고 작업한다. 손톱의 모양 만들기는 에머리 보드의 거친 면을 사용하여 손톱의 왼쪽 바깥으로부터 중앙 끝쪽(아래쪽)을 향하여 줄질하고, 다음은 오른손도 같은 방법으로 원하는 형태로 갈아 만든다. 이런 작업은 새끼손가락부터 시작하여 엄지손가락까지 시행한다.

③ 큐티클 부드럽게 만들기(soften cuticles)

왼손의 손톱 모양 만들기 작업이 끝나고 오른손 작업을 하는 동안 왼쪽 손은 큐티클을 연하고 무르게 하기 위해 비눗물이 담긴 그릇에 담그고 모퉁이 쪽으로 갈아주도록 한다.

④ 손톱 청소하기(clean nail)

네일 솔로 고객의 손과 손가락, 그리고 손톱에 이르기까지 모두 닦아내 모든 잡티들을 없애주는 결 청소작업인 것이다. 물에 담궈 놓았던 왼손을 꺼내 솔질하는데 반드시 위에서 아래 방향으로 솔질한다. 위의 손마디로부터 손톱 아래 끝까지 닦아 내린다.

⑤ 손 말리기(dry hand)

새 수건 끝으로 고객의 손가락 사이부터 닦아 말린다. 그리고 매우 조심스럽게 큐티클(손톱 뿌리 둘레의 굳은살)을 서서히 밀어 올린다.

⑥ 큐티클 제거제를 바른다

오렌지우드 스틱 끝에 솜을 감아 제거제를 묻힌 후 솔질해 준 손의 매 손가락 큐티클에 발라 주는 것이다. 조심스럽게 큐티클에 둘러 바른 다음 손톱 끝 아래부분의 굳은살에도 발라준다. 다음은 오른손을 먼저 핑거 볼에 담가 불리도록 하고 왼손의 작업을 계속한다.

⑦ 큐티클 띄우기(loosen cuticles)

오렌지우드 스틱이나 철제로 된 푸셔(pusher)의 주걱 모양 쪽을 이용하여 서서히 큐티클을 밀어 손톱에서 떨어지도록 빙글빙글 돌리면서 작업을 하면 더 이상 절단해낼 필요가 없을 정도로 만들 수 있을 것이다.

⑧ 큐티클 잘라내기(Nip cuticles)

큐티클을 니퍼로 잘라내는 것을 말한다. 이때 가능하면 돌려가면서 여러 개가 아닌 한 덩어리로 잘라낼 것이다. 매우 조심하여 맨틀(mantle ; 손톱 뿌리를 덮고 있는 생살을 말함)을 파고 들어 고객에게 심한 통증을 주는 일이 없어야 할 것이다.

⑨ 프리 에지 밑부분을 닦는다

오렌지우드 스틱 끝에 솜을 말아 손톱의 프리 에지(손톱 끝에 자라난 여유 부분의 손톱)을 닦아 주라. 다음은 고객의 오른손을 담그고 있던 비눗물 용기로부터 꺼내 왼손을 그 용기 위에 잡고 있는 상태에서 마지막 솔질을 하여 모든 잡티를 제거하라. 그리고 왼손은 위생처리된 깨끗한 타월 위에서 쉬도록 한다.

⑩ 오른손에 제4단계부터 제9단계를 반복한다

⑪ 손톱 표백(Bleach nails)

갈아서 모양을 만들고 깨끗이 한 다음 고객의 손톱이 누렇게 변색되어 있을 경우 조제된 표백제나 약 6%의 과산화수소(Hydrogen peroxide)를 사용하여 표백해 준다. 표백은 오렌지우드 스틱 끝에 솜을 조금 말아 표백제를 묻힌 후 황색으로 변한 부분에 바르게 되는데, 손톱 이외의 큐티클이나 다른 피부에 닿지 않도록 조심해야 한다. 다른 피부에 닿으면 부작용이 날 수 있다. 심한 경우에는 한번에 표백이 안 되고 여러 번에 걸쳐 반복해야 할 경우가 있으니 계획을 세워 시행토록 할 것이다.

⑫ 샤미스 버퍼로 닦아 광을 낸다

버핑(buffing)을 해서 광을 내려면 버핑크림을 바른 다음 샤미스로 손톱 뿌리 쪽에서 아래끝 부분을 향하여 사선으로 닦아 광을 낸다. 즉 X자를 만들며 광을 낸다. 닦을 때 샤미스 버퍼의

뒤를 약간 올려서 심한 마찰을 피한다.

근래에는 매직버퍼를 이용하여 광택을 내기도 한다.

미용 작업의 요건

버퍼로 닦기 전에 뜨거움을 당하는 것을 막기 위해 미리 물을 조금 뿌려 주고 작업을 시작함도 현명한 방법이 될 것이다.

⑬ 큐티클 오일 바르기(apply cuticle oil)

오렌지우드 스틱 끝에 솜을 조금 말아 큐티클 오일을 무쳐 왼쪽 새끼손가락부터 시작하여 칠해준다. 빙빙 돌려 바르는 식으로 전체 굳은살에 균등히 발라 준다.

⑭ 베벌 네일(bevel nail)

베벌 네일이란 손톱 아래 둘레에 경사면을 만들어 주는 것이다. 이것은 에머리 보드를 약 45도 각도로 쥐고 손톱 아래 부분을(밑으로부터 바깥쪽을 향하여) 줄질하듯이 갈아서 같이 경사면을 만들어 준다.

⑮ 매니큐어 미용에 들어가기 전 손과 팔을 마사지 해주면 고객은 만족할 것이다

핸드 로션을 위생적인 기구(스파뚤라 같은 것)를 사용, 적당량을 발라 손과 손목(팔꿈치 이하부터 손끝까지)을 마사지한다(손과 손목의 마사지 법을 참조할 것).

⑯ 기름기를 닦아 낸다

폴리시를 바르기 전에 반드시 손톱에 묻어 있는 모든 기름기를 말끔히 닦아내야만 하는데 그렇게 해야 폴리시가 제대로 붙어 있게 되기 때문이다. 솜에 알코올 또는 아세톤 같은 제거제를 묻혀 손톱에 묻어 있는 기름기를 제거한다.

⑰ 색상의 선택

만약 고객이 색상을 아직 결정하지 못하고 있을 경우 그 고객 피부 색깔에 적당한 폴리시 색상을 권하여 결정하도록 도와줄 것이다. 만약 이번 미용이 특별한 행사를 위한 것이라면 그가 착용하게 될 의상의 색에 맞추고, 보통 가을 겨울에는 좀 어두운 색으로, 봄과 여름에는 좀더 밝은 색으로 하기도 한다. 따라서 당신은 언제나 여러 색상의 미용품을 준비하고 있어야 할 것이다. 폴리시를 바르기 전에 각 서비스 종류에 따른 가격을 제시하여 충분한 양해와 동의 하에 작업을 시작할 것이며, 미리 가운을 착용토록 하고, 자동차 열쇠(만약 있다면) 같은 것은 미리 꺼내 놓도록 한다. 그 이유는 미용 후에 덜 건조된 상태의 광택제 막을 망가트린다든지 상하게 할 위험이 있기 때문이다.

⑱ 폴리시 미용

폴리시 미용은 보통 4-5회를 바르게 되는데 기초(무색) 코트를 한 다음 유색 코팅을 2회하고 그 위에 1-2회의 탑 코팅(Top coating)을 한다. 폴리시는 바르기 전에 양 손바닥으로 잘 혼합할 것이며, 절대로 흔들어서(shake) 혼합하지 말 것이다. 흔들면 거품이 많이 생겨 작업하기도 힘들고 작품도 잘되기 어렵다.

ⓐ 베이스 코트(Base coat). 유색 폴리시를 바르기 전에 미리 바르는 것으로 그의 효과는 두 가지가 있다. 첫째는 자연 손톱이 다른 색깔로 물들거나 더럽혀지는 것을 예방하며, 두 번째는 그의 접착력이 매우 강하여 색상 미용이 잘 붙도록 하는 역할을 해 준다. 베이스 코트는 미용품 병마개에 달린 붓으로 왼쪽손부터 오른손 쪽으로 바르는 순서를 따르며, 한번 찍어서 세 번의 칠하고 손톱 중간 손가락부터 시작하여 왼쪽 손가락, 그리고 오른 쪽으로 하는 식으로 실시한다. 중앙으로부터 시작하여 큐티클로부터 1/16인치 떨어져야 하고, 위로부터 아래로 향하여 붓질을 해나간다. 바르다가 어느 한 곳을 빠트려서 다시 붓을 대면 그만큼 자국이 나서 매끄럽지 않게 된다. 만약 빠트린 곳이 있다면 두 번째 코팅을 할 때 발라주면 된다.

ⓑ 컬러링(Coloring). 베이스 코트를 바르는 것과 동일한 방법으로 유색 폴리시를 두 번 바르며 첫 번째 코팅이 모두 끝난 다음 두 번째 코팅을 시작할 것이다. 만약 작업중 폴리시가 잘못 큐티클에 묻었을 경우 오렌지우드 스틱 끝에 솜을 말아 제거제를 묻혀 닦아주도록 할 것이다.

ⓒ 탑 코트(Top coat). 유색 폴리시로 미용된 위에 보호 목적으로 무색의 코트를 1회 내지 2회 발라 주어 더욱 아름답고 빛나게 해준다.

ⓓ 폴리시 드라이어(Polish dryer). 이것은 반드시 있어야 하는 것은 아니다. 미용된 것들이 건조하는 동안 잘못되지 않도록 강제 건조 처리를 하여 신속히 건조하도록 할 수 있다.

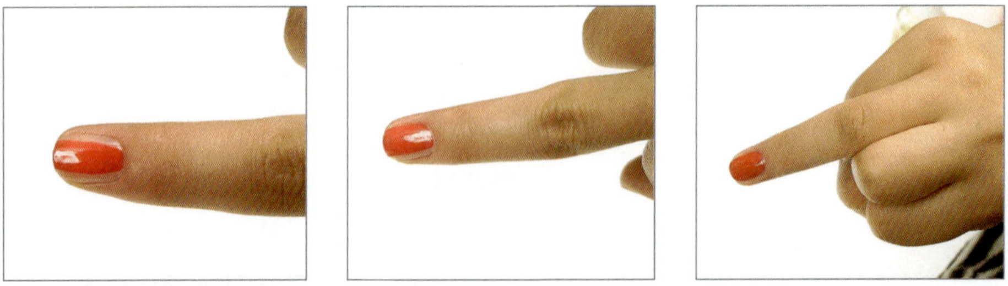

그림 9-19 폴리시 바르는 순서

미용 작업의 요령

만약 전기식 건조 장치를 사용하고 있다면 한쪽 손을 미용하는 동안 다른 손을 그 장치로 건조시키는 것이 좋은데, 이 때는 반드시 열이 없는 곳에 놓고 건조시켜야 한다. 이렇게 하면 마르는 중에 늘어진다던가 잘못되는 일없이 잘 마를 것이다.

3) 습식 미용 후의 사후 조치

이제 당신은 매니큐어의 습식 미용을 완료하였으면 즉 다음과 같은 사후 조치를 하기 바란다.

① 다음 서비스의 예약 접수. 아름다운 미용을 유지하기 위하여 그 고객의 다음번 예약을 접수한다.

② 미용품의 판매. 미용 작업을 하는 동안에 설명된 미용품 및 재료, 특히 고객의 다음 방문 때 까지 가정에서 필요한 품목들을 구매해 가도록 권유한다.

③ 미용 작업 테이블 근처에 환경 정리할 것. 우선 기본적인 물건들을 제자리에 놓아 안정감을 얻도록 할 것이다.

④ 사용된 소모품의 폐기. 일단 사용한 소모품들은 옆에 매달아 놓은 플라스틱 봉지에 넣어 버리도록 할 것임.

⑤ 완전한 사전 소독 절차를 이행한다. 다음 고객을 받기 위하여 모든 기구를 20분 이상 액체 살균제로 살균소독해야 할 것이며 기본적인 준비품들을 정돈해 놓을 것이다.

그림 9-20 폴리시 미용후의 모습

그림 9-21 봄에 어울리는 컬러

그림 9-22 여름에 어울리는 컬러

그림 9-23 가을에 어울리는 컬러

그림 9-24 겨울에 어울리는 컬러

그림 9-25 펄컬러를 이용한 날의 매니큐어링

6. 다섯 가지 타입의 미용법

지금까지 네일 미용을 어떻게 하는가에 대하여 배웠다. 이제 직업적인 기능인으로서 아래와 같은 다섯 가지형의 작품을 만들 수 있을 것이다.

① 전체 코트(Full coat). 손톱 전체에 미용하는 것.

② 프리 에지(Free edge). 손톱의 자라난 부분을 프리 에지라고 하며, 어느 물건 등을 잡을 때 가장 먼저 닿은 부분이므로 이곳은 폴리시를 바르지 않는다. 폴리시 미용한 것이 상하기 쉽기 때문이다.

③ 헤어라인 팁(Hairline tip) 전 항의 목적과 유사한 이유로 일단 전체 미용을 실시한 다음 손톱 끝 둘레를 약 1/16인치를 미리 갈아내고 파손을 사전에 방지하는 것임.

④ 슬림 라인 또는 후리 월(Slimline or free walls). 손톱이 좁고 가늘게 보이도록 미용하는 방법으로써 실제 미용은 손톱의 양 옆을 어느 정도(1/16인치) 남겨 놓고 미용하는 것이다.

⑤ 반달형(Half moon or lunula). 말 그대로 흰색의 반달 모양을 손톱 뿌리 부분에 보이도록 그 모양만큼 유색 폴리시를 바르지 않는 것이다.

미용법의 요령

잘못되어 미용한 것이 더렵혀졌을 경우 다시 미용을 하기 전에 제거제로 완전히 닦아낸 다음 다시 미용을 할 것이다.

7. 프랜치 미용(French Manicure)

프랜치 미용은 깨끗한 자연적인 피부 색깔로 미용하는 것으로 여름철이나 신부들이 많이 애용한다.

근래에는 각자 피부톤이나 개성에 따라 원하는 두가지 컬러로 연출하기도 한다.

그림 9–26 프랜치 컬러

① 베이스 코트를 바른다. 습식 매니큐어 미용에서와 같이 베이스 코트를 한다. 여기서는 프리 에지 밑에 발라도 좋을 것이다.

② 흰색의 폴리시를 바른다. 흰색의 폴리시를 손톱 좌측으로부터 아래 프리 에지 쪽으로 사선을 그으면서 바르며 다음은 오른쪽으로부터 아래로 향하여 사선을 만들면서 미용을 하면 V자가 될 것이다. 이때에 흰색의 코팅은 프리 에지의 아래 면에 발라도 좋다. 만약 고객이 V자의 날카로운 것을 싫어하면 깊이 파인 부분을 둥글게 메꾸어 칠하여 자연적인 모습으로 만들 수도 있다.

③ 엷은 분홍색, 자연색 또는 복숭아 색의 폴리시를 바른다. 손톱 뿌리에서부터 아래 부분인 프리 에지를 향하여 바른다. 이때에 큐티클에 묻지 말도록 할 것이며 프리 에지의 밑면에 발라도 좋다. 대개 연분홍색을 즐겨하지만, 고객의 취향과 살결의 색깔에 맞추어 선정할 것이다.

④ 탑 코트(top coat)를 바른다. 손톱 전체에 바른다. 프리 에지에 본 미용을 하였을 경우에는 보호 조치로서 탑 코트를 발라 주어야 할 것이다.

그림 9-27 프랜치 매니큐어링 완성 모습

8. 교정을 위한 핫 오일 미용

교정을 위한 핫 오일 미용은 심하게 상하거나(Ridge) 갈라진 손톱(Brittle), 큐티클이 매우 거칠게 상한 분을 위한 것이다. 이것은 또한 고객의 손의 피부를 부드럽게 만들어주는 이점이 있다.

거칠게 된 손 전체를 부드럽게 만들어 주는 더운 오일 매니큐어 미용은 일주일에 한번 실시함이 좋은데, 이는 손톱을 포함한 전체 피부에 촉촉한 습기를 주게 된다. 또한 오일 매니큐어는 큐티클과 행 네일(손 가시돋힘 또는 손거스러미)을 모두 부드럽게 처리해주기 때문에 손톱을 뜯는 사람에게도 매우 좋을 것이다.

1) 자재

미용 작업 테이블 위에 기본적인 준비품 이외로 아래와 같은 기자재를 필요로 할 것이다.

(1) 핫 오일 히터(HOT OIL HEATER)

이 전기식 오일을 데우는 장치는 오일 또는 크림을 적당히 데워서 고객의 손가락 끝을 담그게 하는데 사용되는 것이다.

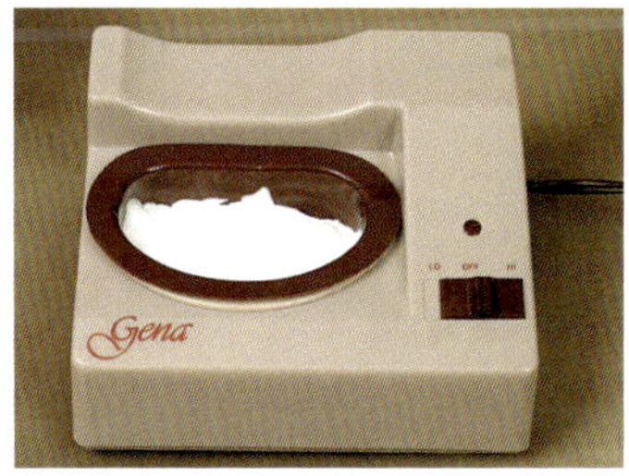

그림 9-28 핫 오일 매니큐어링 워머 및 크림

(2) 오일, 크림을 데우기 위한 플라스틱 컵

대개의 전기식 오일을 데우는 가열장치는 오일을 담아서 데울 수 있도록 용기를 집어넣는 곳이 있으며, 여기에 쓰이는 일회용 용기들은 한번 사용한 후에 반드시 버려야 한다.

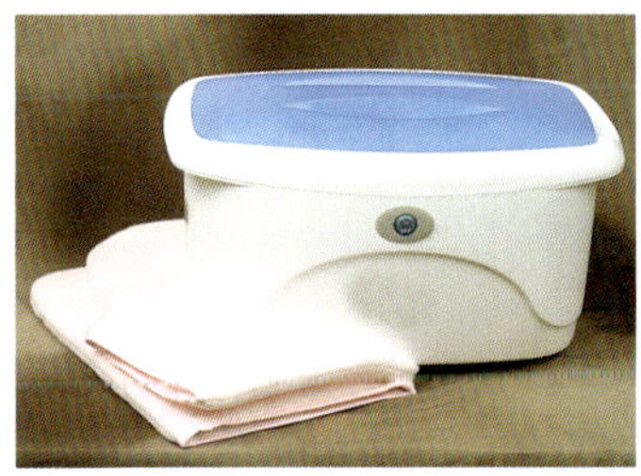
그림 9-29 파라핀 워머 및 장갑

(3) 데우기 위한 오일

대부분의 네일 기술자들은 핫 오일 매니큐어를 위하여 제조된 완제품을 사용해도 될 것이다. 본 책자에서는 이상의 재료(오일 및 로션)를 로션이라고 표현할 것이다.

2) 핫 오일 매니큐어(교정을 위한)를 위한 사전 준비

① 사전 소독 처리 절차를 이행할 것이다.
② 미용 작업 테이블의 준비. 표준적인 미용 테이블 준비를 갖추고 오일을 데우는 장치(전기) 및 용기, 그리고 로션을 준비하라.
③ 히터를 준비한다.
④ 로션에 예열을 가한다. 고객이 자리에 좌정하기 약 10-15분전부터 예열을 가하여 조금 따뜻하게 만들 것이다.
⑤ 고객의 접대. 반갑게 고객을 맞는다.
⑥ 고객과의 합의. 고객의 의향을 물어볼 것이다.
⑦ 미용의 시작. 고객이 자주 쓰지 않는 쪽 손부터 시술을 시작한다(왼손잡이일 경우, 오른손).

3) 핫 오일 매니큐어 미용(교정을 위한)

미용을 어떤 것으로 할 것인가에 대하여 의논하는 동안에 고객이 그의 집에서 필요한 미용품들을 설명할 것이다.

① 묵은 폴리시를 제거한다

이미 발라져 있는 묵은 폴리시 막을 제거제를 사용하여 제거한다.

② 손톱의 모양을 만든다

고객이 자주 쓰지 않는 손부터 작업을 하되 손톱을 갈아서 모양을 만든다.

③ 따뜻한 로션에 손끝을 담근다

미용이 끝난 손(손끝)을 따뜻한 오일 용기에 담그고 다른 손의 모양 만들기에 들어간다.

④ 로션의 분배

따뜻한 로션에 담그고 있던 손을 꺼내고 다른 쪽 손을 담근다. 그리고 먼저 담그고 있던 손에 묻어 있는 로션을 손으로부터 팔꿈치에 이르기까지 모두 손/발의 마사지에 이용토록 하는데, 만약 부족할 때에는 스파튤라 스푼 모양으로 된 쪽을 이용, 더운 로션을 떠서 바르도록 할 것이다.

⑤ 손과 팔의 마사지를 실시한다

⑥ 큐티클 띄우기(Loosen cuticles)

오렌지우드 스틱을 이용하여 조심하여 큐티클을 손톱 뿌리부터 띄우면서 늦춘다.

⑦ 니퍼 큐티클(nipper cuticles)

만약 당신의 주에서 허용하고 있다면 여분으로 나와 있는 큐티클을 가위(니퍼)로 잘라 내며, 그동안 고객의 손은 청결한 타월 위에서 쉬도록 할 것이다.

⑧ 다른 손에도 반복한다

다른 손에도 더운 로션을 발라 제5항부터 제7항의 순서를 반복 실시한다.

⑨ 손을 닦거나 씻는다

필요하다면 넘치는 기름기를 타월로 닦아내거나 씻도록 한다.

⑩ 냉 타월 처리

늘어난 피부의 구멍을 메우기 위해 차가운 물에 짜낸 타월을 손, 팔 전체에 감아주면서 서서히 압력을 가해 눌러준다.

⑪ 기름기의 완전 제거

알코올이나 제거제를 솜방망이에 흠뻑 묻혀 손톱 위에 있는 모든 기름기를 제거한다.

⑫ 폴리시를 바른다(spply polish)

⑬ 미용 사후 처리 절차를 시행한다

플라스틱 용기 등 일반 사용되었던 소모품들을 폐기한다.

⑭ 히터의 위생처리

다음 고객을 위하여 히터 등을 알코올을 사용 청결하게 소독해 둔다.

9. 남성을 위한 미용

그림 9-30 버핑크림과 샤미스 버퍼

남성을 위한 매니큐어 미용은 근본적으로 여성을 위한 것과 다를 바가 없다. 미용 작업 테이블의 준비도 동일하다. 다만 남성들은 유색 폴리시를 쓰지 않으며 무색 투명한 폴리시(polish)를 사용하거나 아무것도 바르지 않는 상태에서 샤미스 버퍼를 가지고 폴리시만 하는 사람도 있다. 필요하다면 핸드크림이나 로션을 추가로 사용할 수도 있다.

미용 절차

미용 작업을 하는 동안 고객에게 집에서 사용하면 좋은 미용품들을 소개한다. 예컨대 무색 폴리시(clear polish) 또는 핸드 크림 등.

① 예비 서비스를 완료한다

② 오래된 폴리시(old polish)를 제거한다

만약 고객이 이전에 어떤 폴리시(투명 여부를 막론하고)를 사용하였었다면 그것은 반드시 벗겨내야 한다. 왼손의 새끼손가락부터 시작한다.

③ 모양 만들기

에머리 보드나 금속으로 된 줄을 이용하여 원하는 둥근 모양으로 갈라낸다. 고객의 새끼손가락을 당신의 엄지와 인지 사이에 잡고 작업을 한다. 대개의 남성들은 짧은 손톱을 가지고 있기 때문에 많이 살아낼 필요가 없으나 만약 손톱이 길 경우 손톱깎이로 잘라내고 실시할 것이다.

기법상의 요령

손톱을 불린 다음에는 절대로 줄질을 하면 안 된다. 불은 후에는 매우 약하여 잘못 하면 상할 수가 있다.

④ 큐티클을 불린다

줄질로 갈아서 모양을 만든 다음에는 손을 비눗물에 담그어 큐티클을 불리도록 할 것이며 담그고 있는 동안 오른손의 모양 만들기 작업을 한다.

⑤ 손톱과 손을 닦는다

손과 손톱을 솔로 닦아 찌꺼기 등 불순물을 제거한다. 비눗물에서 꺼낸 왼손을 손가락 첫마디부터 손끝을 향하여 아래쪽으로 솔질을 하여 찌꺼기를 제거한다.

⑥ 손을 말린다

쿠션 베개를 싸 감고 있는 수건의 끝을 이용하여 손가락을 닦는데, 손가락 사이부터 닦을 것이며 이것이 끝난 다음에 큐티클을 서서히 밀어 올린다.

⑦ 큐티클 제거제(cuticle romover)를 바른다

⑧ 큐티클 밀어내기(Loosen cuticles)

보통 남자들은 여성에 비하여 큐티클이 많기 때문에 일이 많다. 여자들은 살롱을 찾기 전에 큐티클을 밀어올리는데 남성들은 그렇지 못하다. 왼쪽부터 시작하여 큐티클을 서서히 밀어 올려 손톱 뿌리 부분으로부터 굳은살을 떼어낸다.

⑨ 큐티클 정리(nip cuticles)

굳은살(큐티클)이나 손 가시를 잘라내야겠다고 판단되면 한 조각으로 잘라낼 것이다.

⑩ 프리 에지를 닦는다

오렌지우드 스틱 끝에 솜을 말아 프리 에지의 밑면을 닦아준다. 그리고 왼손을 핑거 볼 위에 잡고 마지막으로 잔제거를 위하여 솔질을 해준다. 그리고는 고객의 왼쪽 손을 타월 위에 쉬도록 한다.

⑪ 위의 제5항부터 제10항까지의 절차를 오른손에도 실시할 것이다

⑫ 네일 표백(Bleach nails)

만약 고객의 손톱이 누렇게 변색되었을 경우 표백제를 발라서 표백을 한다. 완제품 표백제가 없을 경우 과산화수소(hydrogen peroxide 농도 6% or 20 volume)를 사용하면 된다〈선택사항〉.

⑬ 샤미스 버퍼로 광을 낸다

⑭ 큐티클 오일을 바른다

⑮ 베벨 네일(bevel nails)

프리 에지(손톱 끝이 자라 나온 여유부분)에 각도를 주기 위해 에머리 보드를 45도 각도로 잡고 밑의 뒷면으로부터 바깥면으로 각도를 만들어 주며 갈아주는 것으로 아래로부터 위쪽으로 동작하는 것이다. 이와 같은 동작은 어떠한 프리 에지도 모두 잘라 낼 수 있을 것이다.

⑯ 핸드 로션을 바르고 손과 팔을 마사지 폴리시를 바르기 전에 고객의 손과 팔을 마사지한다는 것은 고객을 매우 즐겁게 하는 것이 될 것이다

⑰ 기름기의 제거

⑱ 폴리시 바르기

만약 고객이 원한다면 베이스 코트(base cost)를 바르고 그 위에 탑 코트(top cost)를 미용할 것이다. 그런 다음 필요하다면 네일 건조 절차를 따른다.

⑲ 미용 후의 사후 처리 절차를 이행한다(post service procedure)

1) 움직이는 남성들을 끌어들여라

한번 매니큐어 미용을 해본 남자는 모두 좋아하게 되어 있다. 그런데 그들을 어떻게 모셔들일 수 있을 것인가? 많은 남자 고객을 가지고 있는 어느 디자이너의 말에 의하면 야간에 남자 고객들이 찾아들게 하라는 것이다. 어떤 특별한 계기를 만들어 남성 고객의 폴리시 또는 발 미용과 마사지 곁들이기 등을 광고 전단을 돌리거나 지역의 스포츠 센터나 체육관 등 남성들이 잘 모이는 곳에 광고를 비치하는 것도 매우 좋다.

2) 전기 매니큐어 미용

전동기 매니큐어 장치는 조그만 휴대용 전동기가 달린 장치로써 미용을 위하여 필요한 장치들을 가지고 있는 것이다. 예를 들면 부드럽게 돌아가는 파일, 푸셔, 브러시, 버퍼 등 여러 가지의 필요한 부품들을 갖추고 있다. 그러나 이를 사용할 때에는 제조회사의 설명서를 충분히 읽고 이런 전동 장비를 사용할 때에는 너무 많은 힘을(압력) 가해도 안 되며 한 곳에 오랫동안 머물며 갈아도 큰일난다. 또한 회전 속도가 빨라 마찰열 때문에 고객이 뜨거움을 느낄 수가 있다.

에머리 원반은 에머리 보드와 같은 것이 원형으로 회전할 뿐이다. 역시 거친면과 고운면이 있다.

이와 같은 전동장치는 특히 샤미스 버퍼 같은 것은 잠깐 잠깐 적용했다가 다시 대는 식

으로 열 받는 것을 피해야 할 것이다(물을 자주 분무해주는 것도 좋을 것임).

당신의 전기 매니큐어 장치는 손, 발의 굳은살(Callus)을 갈아내는 원통형의 삭제 도구가 있으며 이것으로 손끝의 굳은살이나 발끝 또는 발뒤꿈치의 굳은살에 살짝 대면서 갈아내는 것이다.

10. 손과 발의 마사지

마사지는 모든 매니큐어 미용 고객에게 제공될 수 있는 서비스이며 받는 사람의 혈액순환을 원활하게 해주고 안락함을 느끼게 한다.

1) 손 마사지 기술

(1) 풀어주기 휴식 동작(Relaxer movement)

연결 동작(Joint movement)이라고도 하며 시작하기에 앞서 고객은 이미 손에 핸드 로션이나 크림을 바른 상태에서 고객의 팔꿈치를 테이블 위의 쿠션에서 쉬게 한 자세에서 왼손으로 고객의 팔목을 잡아주면서 오른손으로는 고객의 손을 잡고 서서히 앞과 뒤로 꺾어 주는 동작을 5회 내지 10회 하여 고객을 편한 자세로 만든다.

(2) 손가락 관절 동작(Joint movement on fingers)

고객의 손을 아래로 늘어지게 한 자세에서 팔목을 한 손으로 잡아주면서 다른 손으로 손끝을 잡고 둥글게 원을 그리는 식으로 돌리면서 관절을 풀어준다. 새끼손가락으로부터 시작하여 엄지손가락까지 매 손가락에 약 3~5회씩 실시한다.

(3) 손바닥 마사지(Circular movement in palm)

에푸레이지(effeurage)라고도 하며 매우 가벼운 동작으로 고객에게 평안과 휴식을 준다. 고객의 팔을 쿠션 위에 놓고 손바닥을 양손으로 잡고 양쪽 엄지손가락을 각각 다른 방향으로 돌려가며 마사지한다.

(4) 팔목의 마사지(circular movement on wrist)

두 손으로 고객의 손을 잡고 손목부터 아래의 손가락이 시작되는 곳까지 양쪽 엄지손가락을 사용, 각각 다른 방향으로 돌려가면서 아래위로 3~5회 반복 마사지한다. 마지막으로 손목을 잡고 천천히 좌우로 틀어 주어 손목 관절에 약간의 자극을 준다. 이것은 일종의 충격 마사지로서 매우 자극적인 것이다.

(5) 손등과 손가락의 마사지(circular movement on back of hand and finger)

고객의 손을 위쪽으로 잡고 양 엄지로 손등의 위쪽으로부터 아래쪽으로 빙빙 돌려가면서 내려오고 다음은 왼손으로 고객의 새끼손가락을 오른손으로는 엄지를 조이면서 돌리는 동작으로 내려가서 아래 끝에서는 싸듯이 퉁겨 준다. 같은 방법으로 나머지 손가락에도 실시하며 이 마사지는 혈액순환을 촉진해준다.

2) 팔 마사지의 기법

(1) 크림이나 로션 바름

적당한 분량의 로션을 고객의 손목부터 팔에 바르고, 손목부터 팔꿈치 가까이까지 서서히 올라가면서 작업을 한다. 몇 번 반복하다가 마지막으로 위로부터 아래쪽으로 내려와 손가락 끝에서 손 마사지를 할 때와 동일하게 퉁겨 준다. 만약 로션이 부족하면 더 바르면서 시행한다.

(2) 팔 마사지(에푸레이지 Effleurage)

고객의 팔을 아래로 내려놓고 고객의 손바닥이 위를 바라보게 팔 아래쪽을 두 손으로 감싸듯이 잡아 양 엄지를 고객의 손목에 대고, 각기 다른 방향으로 올려 돌리면서(꽃을 그리는 모양으로) 팔꿈치까지 올라간다. 같은 방향으로 다시 손목 쪽으로 내려오는 동작을 서너 번 반복한다. 그런 다음 고객의 팔을 돌려 가지고 아래로부터 위까지 서너 번 반복한다.

(3) 팔 비틀기 동작(Wringing movement on arm)

프릭션 동작(Friction massage movement)이라고도 한다. 고객의 팔을 수평으로 놓고 두 손으로 팔의 아래위를 잡고 빨래를 짜듯이 팔을 서로 반대 방향으로 비튼다. 같은 동작을 손목으로부터 팔꿈치까지 3~4번 반복해 팔의 근육에 마사지 효과를 준다.

(4) 주무르기 동작(Kneading movement on arm)

페트리세이지(Petrissage)라고도 하며, 매우 자극적이어서 혈액순환을 왕성하게 해준다. 고객의 팔을 수평으로 유지시켜 당신의 두 손을 그 팔 위에 놓고 좌우의 손을 서로 다른 방향으로 잡아주면서 동작하는 것이며, 이와 같이 손목부터 팔꿈치까지 서너 번 왕래하면서 동작한다. 살짝 잡아 주었다가 늦추어 동작으로 팔의 뼈와 근육조직에 자극을 주게 된다.

(5) 팔꿈치 돌리기(Rotation of elbowfriction massage)

고객의 손목을 왼손으로 잡고 오른손으로 팔꿈치 아래를 받쳐든다. 팔꿈치에 오렌지 우드 스틱 끝에 솜을 감아 크림을 바르는데, 손목을 잡고 있는 상태에서 고객의 팔꿈치를 돌려가며 동작한다. 팔 마사지를 끝낼 무렵 왼손을 고객의 팔 위로 이동시켜 양손으로 고객의 팔을 꽉 잡고 줄타기를 하듯이 손끝까지 내려와 퉁겨 준다. 같은 방법으로 3회 반복한다.

10 페디큐어링 (Pedicuring - 발미용)

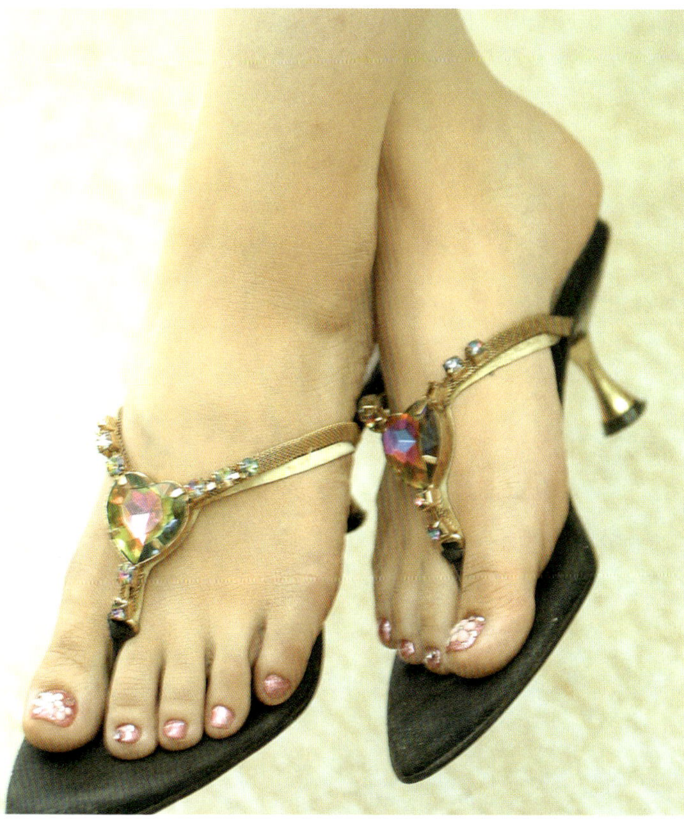

그림 10-1

1. 개론

고객의 발, 발끝, 발톱을 미용하는데 필요한 기술을 보여주고 있다. 페디큐어라 하면 발톱 깎기, 갈아서 모양 만들기, 폴리시 바르기와 발의 마사지를 모두 포괄하여 말하는 것이다. 페디큐어는 보통 네일 디자이너들이 하고 있는 네일 작업으로써 모든 고객에게 적용될 수 있는 기본적인 기법이다. 여름철에는 발을 화사하게 빛내주는 발찌 등 액세서리와 함께 예쁜 발톱으로 가꿔주는 다양한 폴리시와 큐티한 디자인의 문양이 각광받고 있다. 노출이 많은 여름철에 페디큐어를 통해 건강하고 자신있는 발을 유지하고 분위기에 어울리는 컬러 연출로 여성의 매력을 한층 더할 수 있을 것이다.

절차상의 요령

고객과 시간 약속을 할 때 앞이 터져 있는 신발(센들 같은)을 신고 팬티 호스와 같은 긴 양말을 신고 오지 말도록 사전에 알릴 것이다.

2. 페디큐어 기구

이미 보유하고 있는 페디큐어를 위한 기구 외에 다음과 같은 기구들이 페디큐어를 위해 추가로 필요하다.

① 페디큐어 스테이션(Pedicure station)

고객의 의자, 고객의 발을 쉬게 하는 발 받침대, 당신이 앉아서 작업하는 의자를 말하는데, 이상의 세 가지 기능을 모두 갖춘 집기가 완제품으로 판매되고 있다.

② 페디큐어 스툴과 발 쉼틀(Pedicure stool and foot rest)

고객의 발을 올려놓고 작업하기 편리하게 해주는 낮은 의자로서 스툴이 의자에 붙어 있는 것도 있고 떨어져 있는 것을 사용할 수도 있다.

③ 손님의 의자

고객의 의자는 팔걸이가 있는 안락한 의자여야 한다.

④ 세척 용기

더운 비눗물을 담아 고객의 발을 담그고 세척할 수 있는 것이어야 한다. 발을 담그기에 충분히 커야 하고 2개 있어야 하는데, 하나는 박테리아 살균제가 들어있는 따뜻한 비눗물을 다른 하나로 발을 헹구는데 사용될 것이다.

⑤ 발가락 띄우기(Top separators)

페디큐어 작업을 하는데 필요한 공간을 확보하기 위해 서로 붙어 있는 발가락 사이에 끼우는 발가락 띄우개.

⑥ 발 파일(Foot file)

자라난 굳은살이나 굳은 피부를 갈아내기 위한 줄.

⑦ 발톱 클리퍼(toenail clippers)

두 가지 종류의 발톱깎이가 있는데 모두 상업용으로 쓸 수 있다.

⑧ 살균 스프레이(Antiseptic fott spray)

약한 방부제와 곰팡이 방지 효과를 내는 스프레이이다.

⑨ 살균 비누(Antibacterial soap)

박테리아균의 살균과 곰팡이/무좀 방지를 위해 만들어진 소독 비누.

⑩ 발 로션(Foot lotion)

발 마사지를 할 때 필요한 것으로 핸드 로션으로 대신해도 무방하다.

⑪ 발 파우더(foot powder)

곰팡이/무좀 방지 성분이 들어 있는 분말로 페디큐어 미용을 한 후에 발라 발의 건조함을 유지시킨다.

⑫ 페디큐어 슬리퍼(pedicure slippers)

반드시 있어야 하는 것은 아니나 일회용으로 된 위생적인 슬리퍼가 있으면 좋다.

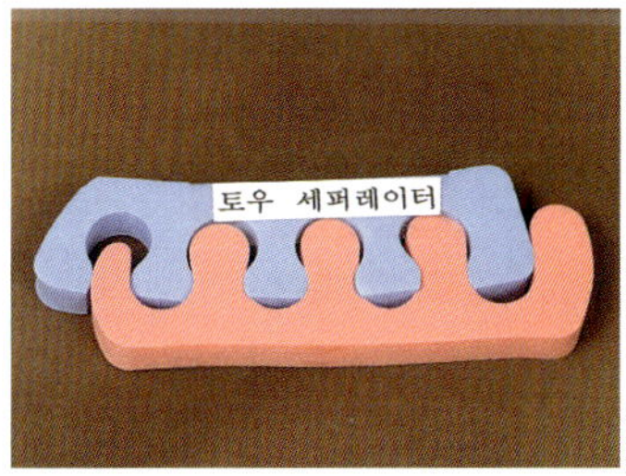

그림 10-2 토우 세퍼레이터

그림 10-3 발 파일

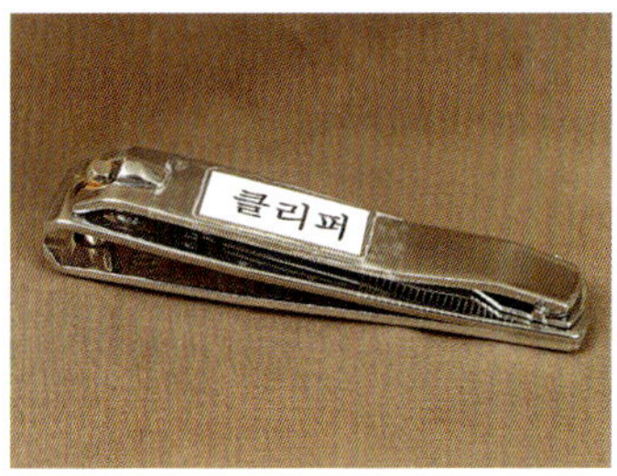

그림 10-4 클리퍼

그림 10-5 페디큐어 슬리퍼

3. 페디큐어 미용

세 가지 절차가 있다. 첫째는 사전 절차(preservice), 둘째는 본 페디큐어 절차(Pedicure procedure), 셋째는 사후 처리 절차(post service procedure)이다. 사전 절차에서는 기구들을 살균/소독하고 고객을 접대하며, 의견을 타진하는 상담(consultation)을 한다. 다음에는 본 페디큐어 절차를 시행하고, 사후 처리 절차에서는 고객의 다음 스케줄을 잡아 주고 작업 도중 가정에서 사용하면 좋다고 설명한 미용품을 권한다.

1) 페디큐어의 사전 처리 서비스

페디큐어 스테이션은 싱크대 가까이 있어야 물을 버리고 담아 오기가 편리하다. 근래에는 배수가 자동으로 되는 기구들이 나와 있어 살롱 시설시 설치하기도 한다.

① 사전 처리 절차인 위생처리를 완전히 할 것.

② 스테이션에는 고객의 의자, 발의 쉼틀(stool), 그리고 디자이너의 의자를 모두 갖추어야 할 것이다.

③ 고객의 의자 앞에 막 수건(terry towl)을 깔아 필요할 때 고개의 발을 놓게 하고 또 하나의 막 수건(테리 타월)은 쉼틀에 깔아 고객의 발을 말리는 데 쓸 것이다.

④ 페디큐어 스테이션 옆에 기본적인 페디큐어 테이블을 준비하고, 거기에 토오 세퍼레이터(top separator), 발 파일(foot file), 발톱깎기, 스프레이, 안전주의사항, 살균 비누(antibacterial soap), 발 로션, 발 파우더, 슬리퍼와 같은 물품을 추가로 준비한다.

⑤ 발을 담그는 대야 2개에 따뜻한 물을 충분히 넣고 한쪽에는 살균 비누/세제를 풀고(세제 용법을 충분히 읽을 것) 다른 쪽 대야에는 몇 방울의 방부제를 떨어트려 비눗물을 씻어내는 물로 준비한 후 그 대야들을 마룻바닥에 깔아 놓은 수건 앞에 놓는다.

⑥ 고객을 반갑게 맞아 들인다.

⑦ 고객의 의향을 충분히 물어보고 보관하고 있는 그 고객의 건강관찰기록을 참고로 한 컨설테이션을 말한다. 고객의 발톱 이상 유무를 확인하고 미용을 할 수 있는지의 여부를 결정한다. 만약 발 언저리가 상했다던가 종기나 종양이 발견되면 의사에게 가도록 권하며 무좀이 있는 발에 페디큐어를 해서는 안 된다.

2) 페디큐어 미용

미용을 하는 동안 집에서 간단히 사용할 수 있는 미용품들, 예를 들면 폴리시(polish), 탑 코트, 발 로션, 발 파우더에 관하여 설명함이 좋다.

① 양말벗기. 고객에게 신발과 양말 등을 벗게 하며, 바지를 입었을 경우 무릎까지 걷도록 한다.
② 스프레이를 뿌려준다. 방부제로 닦아준다.
③ 발을 불린다.
④ 발 헹구기. 두 발을 비눗물에서 꺼내 다른 그릇에 준비된 깨끗한 물에서 비눗물을 닦아낸다.
⑤ 발 말리기. 한쪽 발을 헹굼 대야에서 꺼내 발가락 사이부터 깨끗이 닦아낸다. 다른 쪽 발도 동일하게 닦아주고 바닥에 깔아 놓은 타월 위에 놓는다.
⑥ 묵은 폴리시 제거. 왼쪽 새끼발가락부터 시작하여 순서대로 큰 쪽으로 묵은 폴리시(polish)를 벗겨낸다.
⑦ 발톱을 깎아준다. 왼쪽 발부터 긴 발톱을 깎아줌으로 균형을 잡아준다.
⑧ 발가락 분리기를 끼운다. 두 손을 사용하여 왼쪽부터 발가락 사이에 토오 세퍼레이터 또는 솜뭉치를 조심스럽게 끼운다.
⑨ 파일링. 왼쪽 발부터 에머리 보도를 사용하여 발톱을 직선을 갈아준 다음 양쪽 모서리를 다듬어 준다. 이때 발톱이 살 속으로 파고 드는 것(ingrown toenail)을 방지하기 위해 양 모서리를 너무 많이 갈지 말아야 한다. 좀 거친 곳은 에머리 보드의 고운 면으로 다듬어 준다.
⑩ 발 파일의 사용(foot file). 갈아내는 줄을 사용하여 발뒤꿈치의 굳은살 껍질을 갈아낸다. 주의할 것은 너무 심하게 갈 경우 부작용 또는 출혈이 있

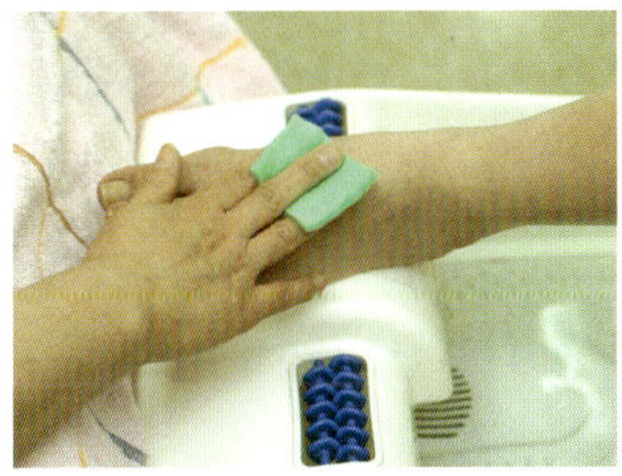
그림 10-6 양말벗기 및 소독

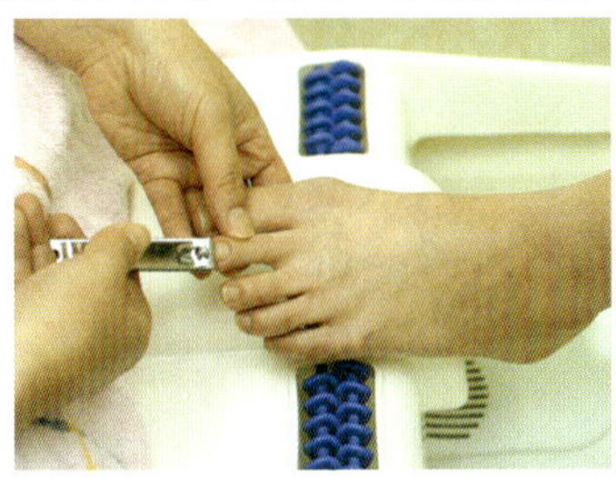
그림 10-7 발톱을 깎아준다

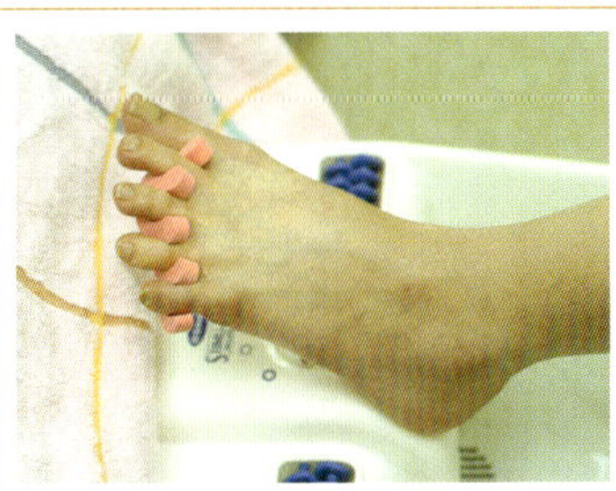
그림 10-8 발가락 분리기를 끼운다

을 수 있다.

⑪ 발을 헹군다. 토오 세파레이터를 빼낸 다음 왼발을 대야에 담근다.

⑫ 바른쪽 발에도 제7항부터 11항까지의 절차를 동일하게 실시한다.

⑬ 솔질을 한다. 비눗물에서 왼쪽 발을 꺼내 네일 솔로 손톱을 솔질하고 깨끗한 물로 행군 후 말끔히 닦아준 다음 토오 세퍼레이터나 솜방망이를 발가락 사이에 끼운다.

⑭ 큐티클 솔벤트(cuticle slovent)를 바른다. 묵은 폴리시를 지우기 위하여 솔벤트를 오렌지우드 스틱 끝을 이용하여 왼쪽 새끼발가락부터 시작하여 큰쪽으로 칠해준다. 이때 프리 에지 아래에 생겨났을지도 모르는 불필요한 굳은살 껍질을 제거하기 위해 프리 에지 뒷면에 발라주는 것도 좋다.

⑮ 큐티클 밀기. 큐티클을 메탈 푸셔 또는 오렌지우드 스틱 끝을 이용하여 천천히 밀어 부친다. 너무 세게 밀어 발톱이 상하지 않도록 주의한다.

⑯ 발을 솔질한다. 토오 세파레이터를 빼낸 다음 발을 비눗물 대야에 잠시 담근 후 그 발을 대야 위에 들고 있는 상태에서 솔질을 하여 발톱과 발가락에 붙어 있는 잡티, 솔벤트 등을 모두 닦고 헹군 후 수건으로 말끔히 닦아 말려주고 타월 위에 발을 놓는다.

⑰ 로션을 바른다. 발 마사지를 하기 위해 로션을 바른다. 이때에 발이 미끄러져 다치는 일이 없도록 발을 꽉 잡아야 한다.

⑱ 발 마사지. 왼쪽 발에 마사지를 하고 그 발을 바닥에 깔아놓고 깨끗한 타월 위에 놓는다.

⑲ 오른쪽 발에 제13항부터 제18항에 기술한 절차를 실행한다.

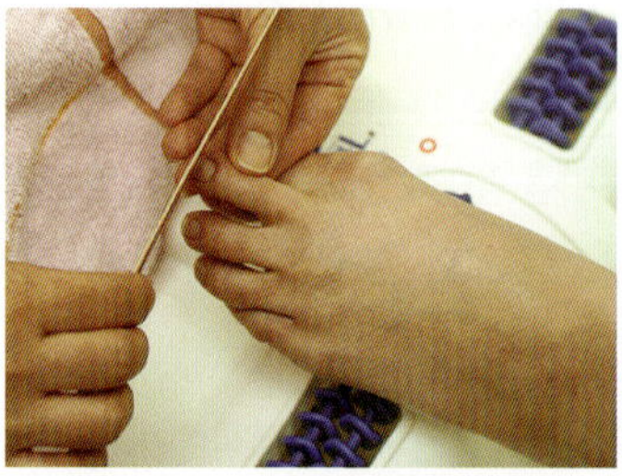
그림 10-9 파일링

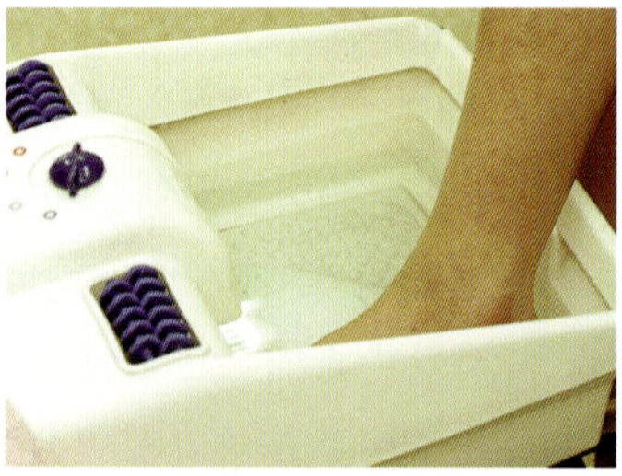
그림 10-10 발을 헹군다

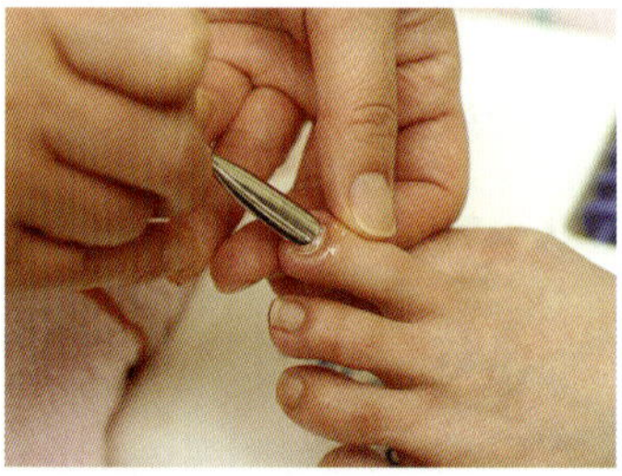
그림 10-11 큐티클 밀기

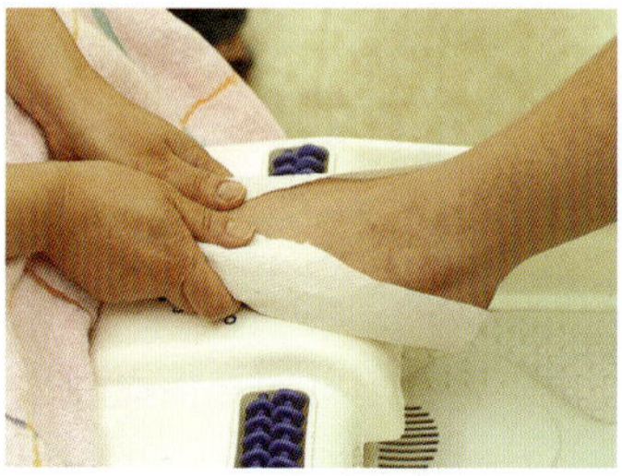
그림 10-12 발을 솔질한다

⑳ 남아 있는 로션을 닦아낸다. 자그마한 솜에 폴리시 제거제를 흠뻑 묻혀 모든 발톱에 남아 있는 로션(기름기)을 말끔히 닦아준다.

㉑ 폴리시를 바른다. 토오 세퍼레이터를 다시 끼우고 베이스 코트를 1회, 색상 폴리시를 2회, 탑 코트를 1회 바르고 가속 건조 스프레이(instant nail dry)를 뿌린 다음 타월 위에 쉬게 하면서 마르게 한다.

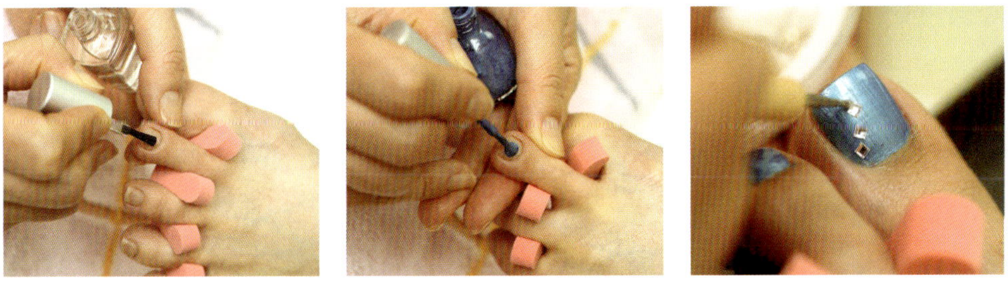

그림 10-13 폴리시의 바름

㉒ 파우더를 바른다. 모든 미용제들이 마른 다음 신발을 신기 전에 발 파우더를 발라준다.

(1) 동절기의 대책

샌들을 신지 못하는 겨울철 동안에는 자연적으로 페디큐어 고객이 뚝 끊기게 되는데, 계절에 관계없이 고객을 불러들이기 위하여 꾸준한 노력을 해야 할 것이다. 각종 선전, 교육 등 고객을 모셔오는 선전광고, 또는 한 겨울철의 특별 염가봉사, 겨울철에 양말 속에서 자라는 굳은살 제거 선전, 겨울철 건조 피부를 치료시키는 미용 등.

3) 페디큐어 사후 서비스

페디큐어 서비스가 완료되었으면 아래에 기술된 사후 조치 서비스를 시행할 것이다.

① 다음 예약을 접수한다. 고객의 다음 스케줄을 잡는다.

② 고객에게 권고. 발을 잘 관리하는 방법을 설명한다. 예컨대 너무 꼭 끼는 신발을 신거나 너무 높은 힐을 신으면 발톱이 살을 파고들어 자라날 수 있다는 것 등.

③ 미용품을 소개한다. 미용 작업중 집에서 사용하면 좋다고 설명한 미용품들, 예컨대 폴리시, 탑 코트, 로션 등을 판매한다.

④ 페디큐어 장소를 청소한다. 모든 물을 버리고 대야를 닦은 다음 알코올로 소독한 후 치운다. 그리고 테이블과 다른 기구들도 알코올로 닦아준다.

⑤ 소모품의 폐기. 한번 사용했던 소모품들을 옆에 매달아 놓은 플라스틱 봉지에 치운다.

⑥ 미용 테이블과 기구/도구 등을 소독한다. 사후 위생처리 절차를 완전하게 시행한다.

4. 발 마사지

페디큐어를 하는 동안 발 마사지를 해주면 혈액순환을 왕성하게 해주며 고객에게 안락한 느낌을 주게 된다.

1) 발 마사지의 기법

① 발의 관절을 마사지하여 안락감을 주는 동작

발을 발 쉼틀(stool)에서 쉬게 하면서 왼손으로 고객 발의 발목 뒤(복숭아뼈 위)를 잡고 오른손으로 발 밑과 발등을 잡고 원을 그리듯이 돌려준다.

② 발등에 에푸레이지(effleurage) 동작

발등에 양 엄지를 얹고 엄지를 각기 반대 방향으로 돌리면서 발등 아래까지 내려온다. 다음에 위로 올라갈 때는 발을 놓치지 않게 한 손은 꼭 잡고 같은 동작을 반복한다.

③ 발뒤꿈치 및 발바닥에 에푸레이지 동작

전항의 동작을 똑같이 발바닥에 실시하는 것으로 발바닥 앞에서부터 발뒤꿈치 아래까지 각기 반대 방향으로 두 엄지를 돌려가며 동작하는 것으로써 이것 역시 안락한 쉼 동작(relaxing movement)이라고 하며 3~5회 반복해 준다.

④ 발가락에 에푸레이지 동작(effleurage movement on toes)

오른손 엄지와 인지를 사용하여 새끼발가락부터 시작하여 큰 쪽으로 이동 실시한다. 왼손으로 발을 잡고 오른손으로 발가락 뿌리 있는 곳부터 엄지로 돌리는 동작으로 끝까지 내려온다. 이 동작을 3~5회 반복하여 고객에게 위로와 안락감을 제공하는 것이다.

⑤ 엄지로 눌러주기

후릭션 동작이라고 함. 왼손으로 고객의 발목을 꼭 잡고 오른손 엄지로 힘차게 발바닥을 눌러주는 동작인데 발바닥 뒤꿈치에서 안쪽 앞으로 동작하면서 이동하다가 발가락 뿌리에서는 오른쪽 방향으로 이동하면서 다시 발뒤꿈치 쪽으로 돌아간다. 작업하면서 고객 발바닥에 혹이나 어떤 덩어리가 없는지 살필 것이며, 만약 그런 것이 있을 때는 그 부분이 매우 약할 수 있기 때문에 매우 조심해야 한다. 이 동작은 혈액순환을 매우 왕성하게 해줄 것이다.

⑥ 메다다살 가위 동작(metatarsal scissors) 또는 페트리세이지 동작(petrissage movement)

두 엄지는 발바닥을, 다른 손가락들은 고객 발등에 놓고 아래위로 이동하면서 힘있게 발등 뼈마디와 발바닥을 눌러준다. 이 동작은 발을 부드럽게 움직일 수 있게 해주고 혈액순환을 촉진시켜 주는 것으로 3~5회 반복한다.

⑦ 주먹 돌리기 동작(fist twist compression)

왼손으로 발등을 잡아당긴 상태에서 오른손 주먹을 발바닥에 대고 주먹을 좌우로 회전시켜 이로 인한 마찰(friction)에 의한 효과를 얻는 동작으로 혈액순환에 많은 도움을 준다. 발바닥 언저리를 모두 3~5회 실시한다.

⑧ 발등에 에푸레이지 동작

발의 양 옆을 두 손으로 잡고 발바닥과 발등을 서로 반대 방향으로 돌리면서 위쪽부터 발가락 있는 곳까지 이동하다가 발가락에 와서 부드럽게 쥐어짜듯이 발가락 끝을 짜서 퉁긴다.

⑨ 퍼커션(percussion) 또는 타포트멘타(tapotement) 동작

마지막 작업으로 손끝을 사용하여 고객의 발 전체를 가볍게 두드려 주는 동작이다. 이것은 발 전체의 혈액순환 속도를 원상으로 복귀하게 해준다.

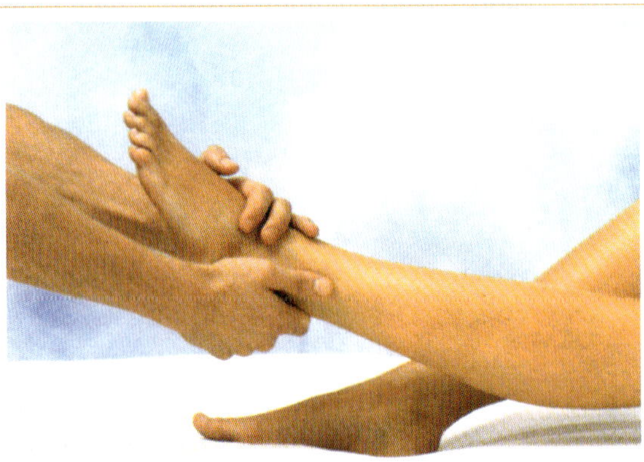

그림 10-14

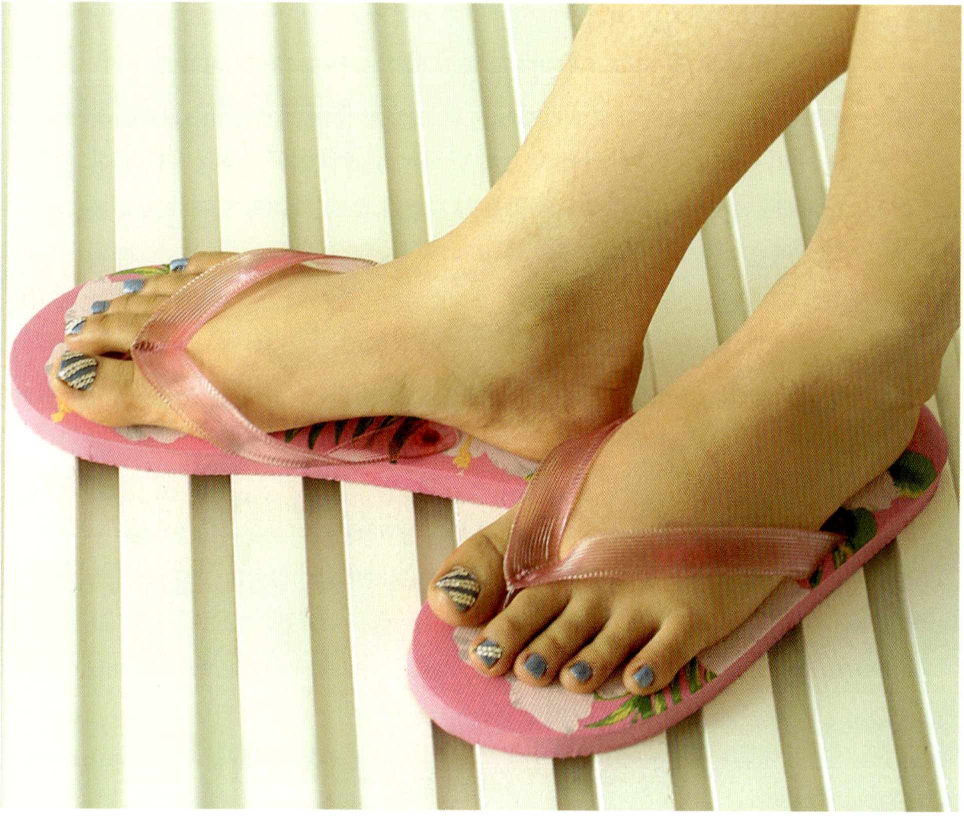

그림 10-15

제 4 부 네일의 응용 미술 기법

11 네일 팁 (인조손톱)

그림 11-1

1. 개론

네일 팁(Nail Tip)이라 하면 인조 네일을 말하는 것으로서 플라스틱, 나일론 또는 아세테이트 등으로 만들어진 것이다. 이 네일 팁은 자연 손톱에 접착시켜 손톱의 길이를 길게 만들어 주는 것이다. 네일 팁 자체만으로는 너무 약하기 때문에 보통 그 위에 패브릭 랩(fabric wrap) 또는 스컬프처드 네일(sculptured nail) 등으로 한겹 더 씌우는 미용으로 보강하게 된다. 고객이 원하여 네일 팁만으로 미용하게 되는 경우도 있을 것인데, 이런 경우는 어디까지나 임시방편인 것이다.

2. 네일 팁 미용을 위한 물품

네일 팁 미용을 위하여 기본적인 매니큐어 미용 테이블에 준비된 물건 외로 다음의 기구 및 재료들을 추가로 준비해야 할 것이다.

그림 11-2 샌딩블럭

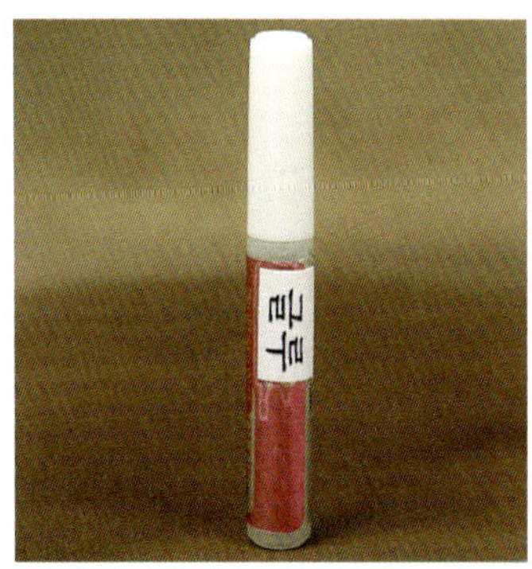

그림 11-3 글루

① 연마기(abrasive)

거친 면은 손톱을 갈아서 모양을 조정하고 고운 면은 네일 표면을 매끄럽게 만들거나 광택을 좀 없애주는데 사용한다.

② 버퍼 블럭(buffer block)

매우 가볍고 잡기 쉽게 모가 난 형태의 연마제로서 갈거나 버핑하는데 사용한다.

③ 네일 접착제(nail adhesive)

인조 네일을 자연 네일 위에다가 접착시키는데 쓰이는 접착제로서 보통 튜브들이나 한 방울씩 떨어트려 바르게 되어 있는 형태로 나오고 있다. 네일디자이너는 접착제 사용시 보안경 착용이 눈을 보호할 수 있다.

④ 네일 팁(nail tips)

모든 팁은 윗부분에 움푹 파여 있어 그곳에 접착제를 넣어 자연 네일의 표면과 접착하는 웰(well)이 있으며, 웰(well)의 정지선(position stop) 이하로는 접착제를 묻히지 않아야 한다. 팁은 풀 웰(full well)과 크기가 반쪽 웰 혹은 부분 웰(half well/partial well)이 있다. 네일 팁을 할 때 절대로 자연 네일 길이의 절반 이상을 커버하는 일이 없어야 한다. 제품화된 네일 팁은 큰 상자에 여러 모양의 크고 작은 것이 들어 있으나 대개 네일 디자이너들은 여러 회사 것들을 다양하게 갖고 필요에 적절하고 정확한 것을 골라서 쓰고 있다.

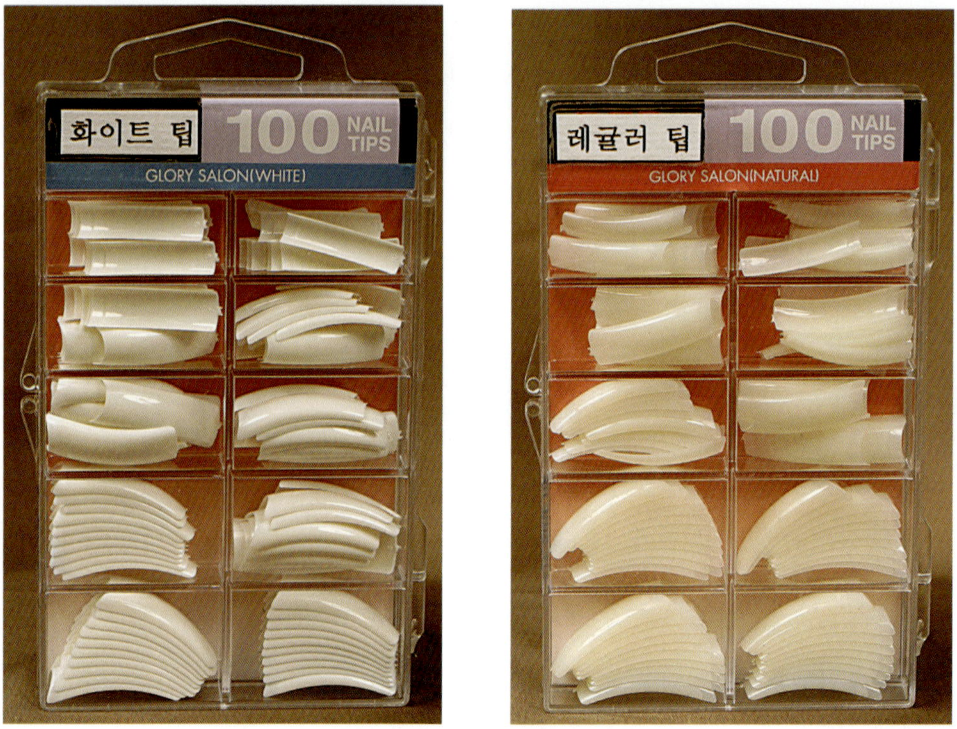

그림 11-4 White Tip와 레귤러 Tip

3. 네일 팁 미용 기법

1) 네일 팁 미용식 사전 절차

① 사전 위생처리 절차 완료

② 기본적인 매니큐어 미용 테이블을 준비하고 추가로 연마제(abrasives) 버퍼 블럭(buffer block) 접착제, 그리고 네일 팁을 테이블 위에 준비할 것이다.

③ 고객을 반겨 맞은 다음 고객의 손을 소독 비눗물로 세척하고 새 수건으로 닦도록 한다.

④ 해당 고객의 네일기록 카드 등을 대조하면서 고객과 의견을 교환하면서 고객의 네일 상태를 확인하고 어떤 미용이 적절한 것인가를 결정한다. 만약 미용을 하지 않는 것이 좋다고 판단될 정도로 상태가 나쁠 경우, 그 이유를 제시하고 의사에게 가도록 권고할 것이다.

2) 네일 팁 미용 절차

네일작업을 하는 동안 고객이 가정에서 사용하면 더욱 좋다고 생각되는 네일 제품들 즉, 폴리시 베이스코트, 탑 코트 그리고 로션 등을 소개함이 좋을 것이다.

① 묵은 폴리시를 제거시킨다. 고객의 왼쪽 새끼손가락부터 시작하여 큰 손가락 쪽으로 이동 작업하고 오른손도 동일하게 반복 작업한다.

② 큐티클 밀기, 오렌지우드 스틱 끝에다 솜을 조금 말아 고객의 큐티클을 서서히 조금씩 밀어준다. 큐티클이 메말라 있는 상태에서는 매우 조심스럽게 밀어야 할 것이다.

③ 네일 표면의 번쩍임(shine)을 없애준다. 네일 표면의 자연적인 기름기를 제거하기 위해 중간 정도의 거칠기를 가진 파일로 가볍게 살짝 닦아준다. 너무 거친 면으로 간다던가 힘주어 갈지 않아야 할 것이다.

④ 네일의 소독(Clean nails). 더운물에 박테리아균 살균 세제를 푼 물에 고객의 손을 잠깐 담갔다가 꺼내 그 손을 용기 바로 위에 든 채로 솔을 가지고 네일을 닦아준다. 그리고 맑은 물로 헹구어 준다.

⑤ 팁 맞추기(Sizp tips) 적절한 크기와 모양을 찾아 맞추는 것으로서 손톱 표면에 옆으로는 양쪽 끝을 모두 커버해야 한다. 길이는 절대로 자연 손톱 길이의 절반 이상을 덮어서는 안 되며 웰의 크기가 너무 클 경우는 갈아서 잘라 쓴다.

⑥ 방부제 바르기(Apply nail antiseptic). 오렌지우드 스틱 끝의 솜을 이용하거나 스프레이를 사용하여 고객의 네일에 방부제를 발라준다.

⑦ 접착제 바르기(Apply adhesive). 네일 팁을 붙일 자연 네일 표면에 충분한 양의 접착제를 바른다. 접착제가 손톱 이외의 피부에 묻게 되는 일이 없도록 조심하여 손톱의 중간부터 아래쪽으로(프리 에지 방향) 바른다.

⑧ 슬라이드 온 팁(Slide on tips). 네일 팁을 자연 네일에 대고 약 45도 각도를 유지하면서 아래쪽으로 밀어 내리는데 포지션 스톱이 손톱 끝까지 내려오도록 하고 그 이상 내려오지 않도록 주의 해야 한다. 그것을 확인한 다음 약 10초 동안 꽉 잡아주어 잘 접착되도록 할

기법상의 요령

접착제를 웰에 바른 다음 바로 접착시키면 접착 부분에 공기방울이 들어가는 것을 예방할 수 있다.

것이며, 만약 흰색의 점이나 공기방울이 보일 경우에는 반드시 다시 작업을 해야한다.

⑨ 연결 부위의 보강(Apply adhesive bead to seam). 자연 네일 위에 올라붙어 있는 네일 팁과 자연 네일과의 연결 부분을 보강시키기 위하여 그 연결 부분에 접착제 방울을 떨어트려 접착력을 강화시켜 주고 층의 차이를 없애 준다.

⑩ 손톱 길이 정도(trim nail tip). 네일 팁의 길이를 원하는 만큼 자르는 것이다. 일자 클리퍼를 사용하거나 팁 커터기를 사용한다.

⑪ 브랜드 팁(Blend tip into natural nail). 인조 팁의 번쩍임을 파일로 갈아서 없애 연결된 자연 네일과 같이 보이게 한다. 파일은 중간 정도의 너무 거칠지 않는 것을 사용할 것이며 파일를 가지고 갈 때에는 반드시 수평면을 유지하면서 손톱에 흠이 패이거나 줄어나지 않도록 유지하면서 유의해야 한다.

⑫ 팁의 버핑(Buff tip for perfect blend). 자연 네일과 인조 팁이 구분이 안 될 정도로 닦아 만드는 작업이다. 버핑 블록을 사용하여 연결 부분을 감아줌으로써 연결 부분이 보이지 않고 같은 모습과 색상으로 보이도록 하는 것이다.

⑬ 모양 만들기(shape nail). 파일을 사용하여 새롭고 길다란 네일의 끝 모양을 만든다.

⑭ 추가 시술을 계속 실시. 이제 네일 팁 미용은 완료되었다. 새로 단장한 팁이 원래의 자연 손톱과 잘 조화가 된다 하더라도 팁은 매우 약하기 때문에 보통 그 위에 또 다른 미용(팁 미용 아크릴 젤 네일 등)을 추가함으로 강도를 높여 주고 있다. 그러므로 고객이 원하는 바에 따라 해당되는 미용을 계속 실시할 것이다.

3) 네일 팁 시술의 사후 처리 절차

만약 고객이 임시적인 네일 팁 미용만으로 만족하면 이제까지 미용한 네일에 큐티클 오일을 한 방울씩 발라주고 버핑을 해준다.

① 다음 스케줄 정하기. 파손되었을 네일 팁을 제거하고 큐티클의 제거, 네일의 재시술 등을 위한 다음 스케줄을 잡아 예약해 놓는다.

② 미용품의 판매. 고객이 가정에서 사용함으로써 네일을 아름답고 건강하게 유지하는데 도움을 주는 네일용품들을 권하여 판매한다.

③ 미용 테이블 주변 청소. 정돈을 하고 미용품, 접착제, 아세톤 등의 뚜껑들을 모두 잘 닫는다.

④ 사용된 소모품들의 폐기. 한번 사용했던 소모품들은 테이블 옆에 매달아 놓은 봉지에 넣을 것이며, 그 봉지가 넘치기 전에 다른 폐기 용기에 담아 폐기하여야 한다.

⑤ 테이블과 기구/소도구들의 위생처리. 사전에 위생처리 절차를 완전히 시행하라. 철제 도구(Impliments)들은 사용하기 최소 20분 전에 멸균 소독처리가 되어야 한다.

4) 팁 미용(Nail tip)을 선전하는 요령

처음 네일 팁 미용을 하는 고객에서는 팁의 길이에 관하여 강하게 지적할 필요가 없지만, 네일의 길이를 항상 짧게 하는 고객에게 짧은 네일은 너무 보수적이라고 귀띔을 해주고 일상생활에 지장이 없을 정도의 적당한 길이의 인조 네일 팁 시술이 유행하며 아름답다고 권히면 만족하여 자주 오는 고정 고객이 될 것이다.

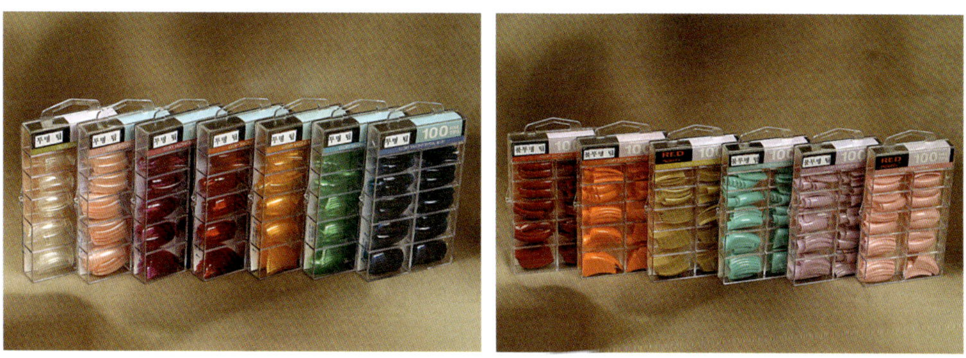

그림 11-5 다양한 종류의 컬러 Tip

4. 보수와 팁의 떼어내기

1) 보수

네일 팁 미용을 받은 고객은 매우 또는 최소한 격주마다 팁의 상태를 보수 · 유지하기 위하여 살롱에 와서 매니큐어 서비스를 받아야 한다. 자연 네일 위에 붙인 팁이 떨어져 떼어서 다시 붙이는 수리작업(접착작업)을 하든지 버핑을 하는 등의 보수를 하게 된다. 팁은 아세톤에 용해되기 때문에 팁을 제거할 때에는 넌아세톤계의 제거제를 사용해야 한다.

주의사항

네일을 제거할 때 칼이나 가위 등으로 잘라내는 일이 있어서는 절대로 안 된다. 자연 네일에 심각한 손상을 줄 수 있기 때문이다.

2) 팁 제거하기

일단 접착되어 있는 팁을 적절하지 못한 방법으로 떼어내면 손상이 가므로 반드시 접착제를 제거하는 제거제 또는 아세톤을 이용한다.

① 네일 팁 미용을 하기 위한 사전 처리 절차를 완료한다. 기본적인 매니큐어 미용 테이블에 버퍼 블록만 더 추가하면 된다.

② 손톱 불리기(soak nails). 손 끝을 담글 수 있을 만한 작은 유리 그릇에 제거제를 충분히 담고 거기에 손끝을 수분간 담궈 불리도록 한다. 근래에는 팁 제거 기구들이 보편화 되어 있기 때문에 전기를 이용한 제품을 사용하는 것도 편리한 방법이 될 수 있다.

③ 밀어서 제거하기(slide off tip). 접착제가 녹은 상태에서 오렌지우드 스틱 끝으로 네일 팁을 아래로 밀어내리며 떼어 낸다. 이때 절대로 바깥쪽으로 잡아당기거나 무리한 힘을 주지 말아야 한다. 잘못해서 원래의 자연 네일 표면을 손상할 수 있기 때문이다.

④ 네일에 버핑(buff nail). 자연 네일의 표면을 아주 고운 면의 버핑 블록으로 매우 부드럽게 버핑해 손톱 표면에 남아있는 접착제들을 제거한다.

⑤ 큐티클 및 그 주변 피부의 미용. 큐티클 오일과 마사지 크림을 사용하여 큐티클과 그 주변

피부를 다듬고 미용한다.

⑥ 추가되는 네일 서비스를 계속 진행한다.

⑦ 사후 처리 절차의 이행. 만약 고객이 더 이상 네일 서비스를 원하지 않을 경우 사후 처리 절차를 시행한다.

그림 11-6

12 네일 랩 (Nail Wraps)

그림 12-1

1. 개론

네일 랩(Nail wrap). 손톱을 포장한다는 뜻으로 오버레이(Overlays)라고 불린다. 이것은 옷감(fabric)이나 종이(paper)를 네일의 크기로 오려서 접착제로 네일 위에 붙이는 것이다. 이는 표면이 상해 있는 자연 네일이나 인조 네일 위에 덮어씌움으로서 고장 수리도 되고 네일 자체의 강도를 높여주는데 쓰여진다. 이런 소재(素材)들은 옷감 조각이나 예쁜 종이 조각을 적당히 오려서 쓸 수도 있고, 네일 크기로 만들어진 제품도 나와 있다. 이런 제품은 뒷면에 이미 접착제가 칠해져 있기 때문에 네일의 표면 미용에만 쓰이게 된다.

패브릭 랩(fabric wrap). 소재는 실크(silk), 린넨(Linen) 또는 유리섬유(fiber glass)들이다. 실크(silk) 소재는 매우 가느다란 명주실로 촘촘히 짜여진 천인데, 접착제로 일단 네일 위에 붙이면 투명하게 보여짐은 물로 강하고 가벼우며 매우 부드럽게 보인다. 린넨(linen) 소재는 좀더 굵은 실로 짜여져 다른 소재에 비하여 강하고 오래 견디지만 매우 두껍고 투박하기 때문에 그 위에 반드시 유색 폴리시 미용을 해야만 한다. 린넨은 근래에는 쓰여지지 않고 있다.

유리섬유(fiberglass). 이 소재는 매우 가느다란 인조섬유로 짜여져 있기 때문에 접착제가 잘 스며든다. 다른 어떤 소재들보다 강하고 오래 견딘다.

페이퍼 랩(paper wrap). 이 소재는 매우 얇은 종이로 아세톤이나 넌 아세톤계의 용해제에도 용해된다. 매니큐어 시술을 할 때 폴리시 제거제에도 용해되므로 다시 시술을 해야하는 약하고 임시적인 것이다. 페이퍼 랩은 접착제로 네일의 표면과 프리 에지 아랫면까지 랩을 할 수 있다.

2. 패브릭 랩

1) 소요 품목(도구 및 재료)

기본적인 매니큐어 미용 테이블에 아래와 같은 도구와 재료들을 추가로 준비할 것이다.

① 패브릭(Fabric)

적당한 작은 조각의 린넨, 실크, 파이버 글래스, 천 조각으로 고객의 네일 모양으로 오려서 쓸 만큼의 것. 혹은 뒷면에 접착제가 있는 제품을 찾을 수 있을 것임.

그림 12-1 Tip With Wrap 준비물

② 네일 접착제(Nail adhesive)

각종 소재들을 네일 표면에 접착시키는데 쓰이는 풀. 보통 치약 모양으로 끝이 뾰족하게 나와 있다.

③ 작은 가위(Scissors)

천을 오려내기 위한 작고 예리한 가위.

④ 네일 블럭 버퍼(Nail block buffer)

⑤ 파일(Abrasive)

에머리 보드와 유사한 기능의 좀 큰 것.

⑥ 글루드라이(Adhesive dryer)

이는 가속 건조제로서 미용된 접착 부위에 한 방울 떨어트리거나 뿌려줌으로써 속히 건조시키는 것.

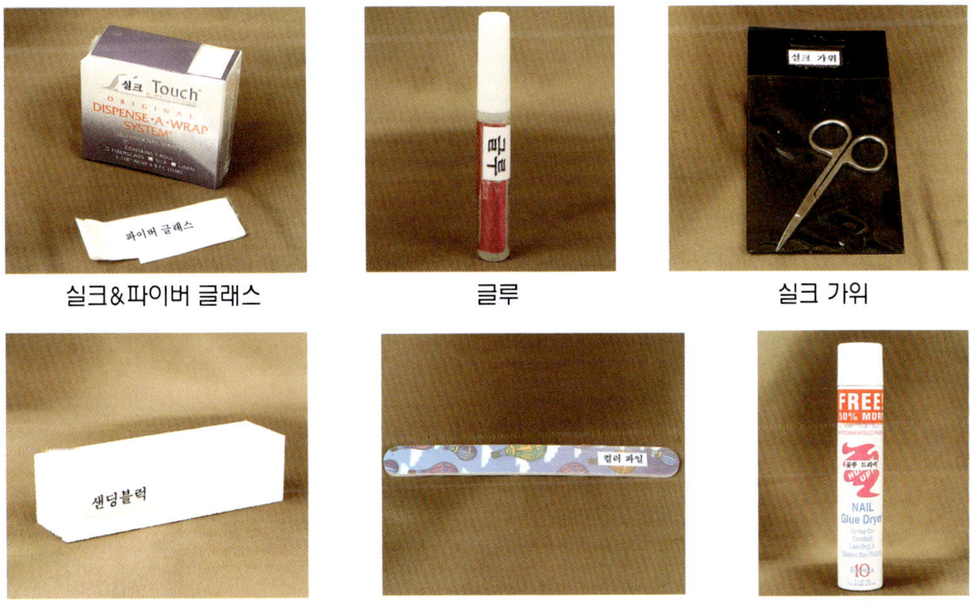

실크&파이버 글래스 글루 실크 가위

샌딩블럭 컬러 파일 글루드라이

그림 12-2

2) 네일 랩 시술의 사전 처리 절차

모든 네일 랩 미용 작업을 위하여 다음과 같은 사전준비를 할 것이다.

① 사전 위생처리 절차를 시행할 것.

② 기본적인 매니큐어 미용 테이블을 준비하고 추가하여 패브릭, 네일 접착제, 작은 가위, 네일 블럭, 버퍼, 파일, 그리고 접착제를 말리는 가속 건조제를 추가로 준비한다.

③ 고객을 반겨 맞은 뒤 그의 손을 소독 비눗물을 사용 세척토록 하고 깨끗한 수건으로 닦아준다.

④ 당신이 보관하고 있는 고객의 관찰기록을 가지고 고객과 의논한다. 고객의 손의 상태가미용을 할 수 있을 정도로 건강한지를 검토하고, 만약 고객의 손과 네일의 상태가 미용을 할 수 없는 정도라면 그 이유를 설명하고 의사에게 가도록 권고할 것이다. 미용을 하기로 결정되면 고객의 요구사항을 참고로 하여 미용 작업을 진행한다.

3) 네일 랩 시술 기법

작업을 진행하는 동안 고객이 가정에서 사용할 수 있는 네일용품들을 소개함이 좋다.

① 묵은 폴리시의 제거

고객의 왼쪽 새끼손가락부터 시작한다. 인조 네일을 한 고객은 비아세톤계의 제거제를 사용함으로써 인조 네일/랩 등의 파손을 방지하고 보통 고객에게는 폴리시 제거제를 솜에 흠뻑 묻혀 네일에 대고 마음속으로 하나부터 열까지 센 후 녹아버린 폴리시를 아래쪽으로 닦아낸다. 만약 묵은 폴리시가 가장자리, 특히 큐티클 주변에 남아 있으면 오렌지우드 스틱 끝의 솜에 제거제를 묻혀 닦아내야 하며, 이와 같은 작업을 모두 네일에 시행한다.

② 네일의 세척(clean nails)

따뜻한 비눗물(소독비눗물)이 담겨져 있는 용기에 고객의 손 끝을 잠시 적시어 살균/소독한 후 맑은 물에 헹군 후 타월로 말끔히 닦아준다. 손을 너무 오래 담그면 나쁘다. 자연 네일은 수분을 잘 흡수해서 랩 미용 후 손톱 밑에서 병균을 잘 번식시키기 때문이다.

③ 큐티클 밀기

오렌지우드 스틱을 사용하여 고객의 큐티클을 천천히 밀어준다. 단 주의할 것은 고객의 큐티클이 매우 건조된 상태이니 조심을 요한다.

④ 광택 지우기(Buff nail to remove shine)

네일 표면의 자생적인 기름 성분이나 번쩍거림(shine)을 없애주기 위해 파일(abrasive)의 고운 면을 사용하여 가볍게 갈아준다. 심한 압력을 가하지 말도록 조심하고 절대로 거친연마기 등으로 갈아서는 안 된다.

⑤ 네일 방부제(Apply nail antiseptic)

오렌지우드 스틱 끝에 솜을 말아 바르는 방법과 스프레이로 된 것을 손톱에 뿌려 주는 방법이 있다. 왼쪽 새끼손가락부터 발라준다. 이는 네일 표면에 남아 있는 기름 성분과 수분을 제거해서 접착력을 강화시켜 준다.

⑥ 접착제의 바름

이것은 랩 미용 때와는 달리 열 손가락 손톱 표면에 동시에 모두 접착제를 바르고 접착제가 마를 때까지 기다리는 것이다.

⑦ 패브릭 오리기

손톱 크기와 비슷한 크기로 패브릭을 가위로 오린다.

⑧ 패브릭 접착제 바름

네일 표면 중앙에 한 방울(매우 작은 분량)의 패브릭 접착제를 떨어트린다(임시 목적). 이때에 접착제가 큐티클에 묻지 않도록 조심해야 한다. 잘못 묻었을 경우 랩이 떨어지거나 찢어질 수가 있다.

⑨ 패브릭 붙이기

패브릭을 조심스럽게 네일 위에 놓고 잠시 가볍게 눌러 준다. 이때 패브릭은 큐티클로부터 1/16인치 떨어져야 한다.

주의사항

패브릭을 네일에 붙일 때 두툼하면서도 부드럽고 유연한 플라스틱 종이(sheet)를 대고 눌러주면 병균의 오염을 방지할 수 있을 것이다.

⑩ 패브릭 트림(Trim fabric)

네일에 붙어 있는 패브릭을 양쪽 옆이나 아래 프리 에지까지 작은 가위로 손톱보다 1/16인치 작은 크기로 오린다(trim). 바깥으로 패브릭이 나오면 떨어지기 쉽기 때문이다.

⑪ 패브릭 접착제 바르기

네일 표면 중앙에서 아래쪽으로 접착제를 얇게 바르고 패브릭을 접착시킨다. 이때에 접착제가 큐티클에 묻지 말도록 주의해야 한다. 이쯤 되면 접착제는 패브릭 섬유에 스며들어 네일 표면과 잘 붙게 된다.

⑫ 접착 건조제의 사용(apply adhesive dryer)

접착제를 빨리 마르게 하기 위해 건조제를 네일에 떨어트리거나 뿌려주는 것인데, 피부에 닿으면 고객이 뜨거움을 느끼게 되니 주의하기 바라며, 스프레이는 어깨 높이로 들고 네일 표면을 향하여 뿌려준다.

⑬ 접착제의 2차 바름

한번 접착시킨 랩 위에 2차로 보강하는 것이다. 엷게 전체적으로 다시 바르는데, 특별히 프리에지 둘레를 잘 발라 혹시라도 패브릭이 떨어지는 일이 없도록 한다.

⑭ 건조제의 2차 사용

제12항과 동일한 건조제를 적용한다.

⑮ 모양 만들기와 손질하기(shape & refine)

파일의 중간 또는 고운 면으로 네일의 모양을 갈아서 예쁘게 다듬어 준다.

⑯ 네일의 버핑(buff nails)

큐티클 오일을 바르고 블럭 버퍼(block buffer)를 사용하여 반짝거리도록 버핑을 해준다. 너무 세게 버핑을 하면 랩 자체를 마모시켜 약해질 우려가 있다. 다만 랩 미용을 하는 표면의 기폭만을 없애주고 매끄럽게 해준다.

⑰ 핸드 로션을 바르고 손과 팔의 마사지를 해준다

⑱ 오일 성분을 제거한다

작은 솜이나 오렌지우드 스틱을 이용하여 네일 주변에 묻어 있는 기름을 제거하여 다른 잡티들이 엉겨붙지 않도록 하고 뒤에 폴리시 시술이 잘되게 하기 위해 기름기를 완전히 제거한다.

⑲ 폴리시 미용을 실시한다

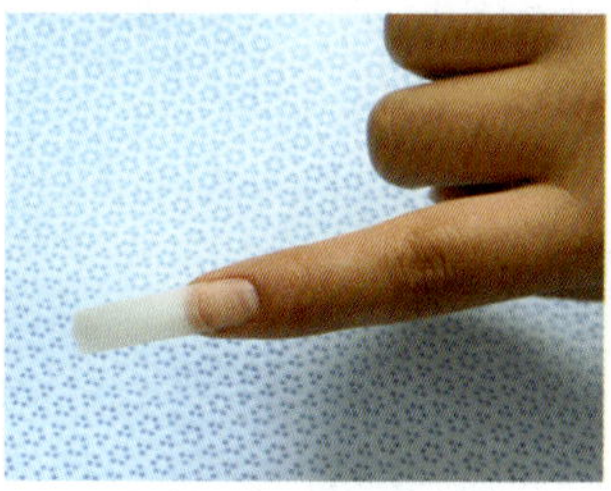

① 적당량의 글루를 이용 인조손톱을 붙인다.

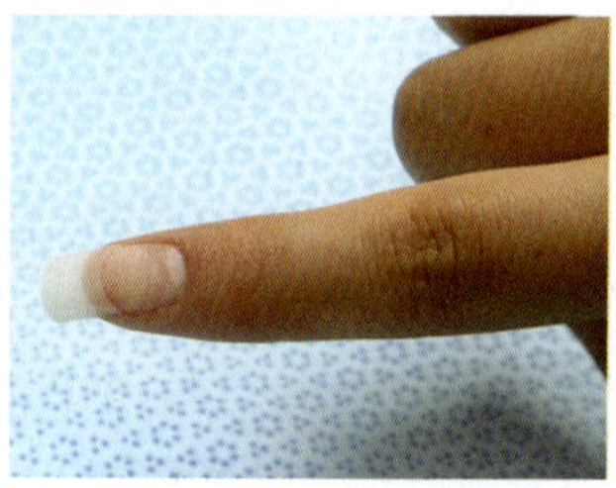

② 팁 커터기로 인조손톱을 원하는 길이로 커팅한다.

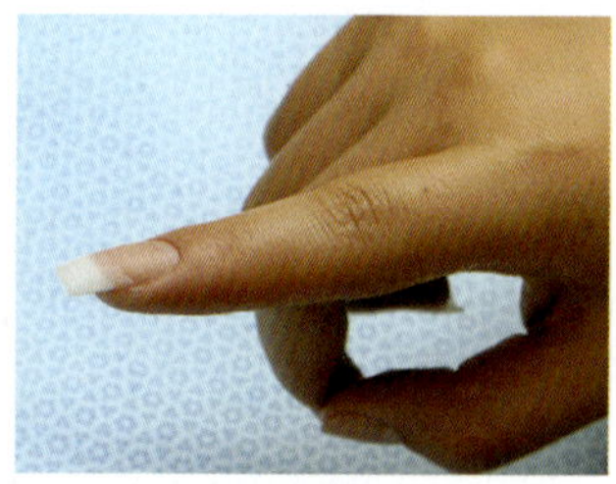

③ 커팅 후 자연손톱이 상하지 않게 주의하며, 인조손톱과의 경계선을 매끄럽게 둔턱 처리한다.

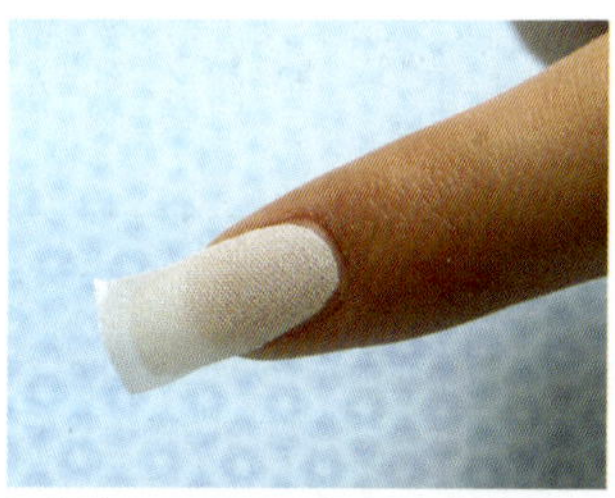

④ 원하는 패브릭을 작은 가위로 이용. 큐티클로부터 1/16인치 정도 떨어뜨려 네일 표면에 잘 붙인다.

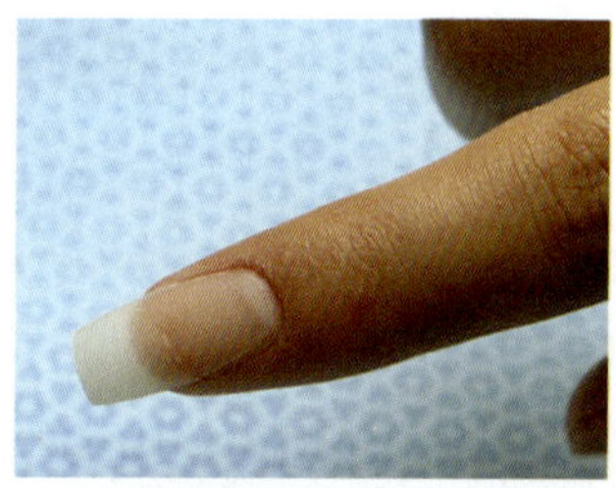

⑤ 글루와 젤로 도포한 후 경화제를 분사하여 마른 것을 확인후 파일링한다 (시술후 원하는 컬러링을 한다).

그림 12-2 팁 위드 랩(Tip with Wraps)

4) 네일 랩 미용의 사후 처리 절차

아래 사항들은 모두 네일 랩 미용을 실시한 후에 서비스로서 동일하게 적용되는 절차이다.

① 다음 예약을 접수한다. 고객의 미용을 최선으로 유지하기 위하여 또 다른 미용을 위하여 다음 스케줄을 잡아 예약해 놓는다.
② 미용품의 판매. 고객의 손톱 상태를 최선으로 유지시키기 위하여 필요한 미용품들을 권유해서 판매한다. 예컨대 폴리시, 로션, 베이스코트 등은 많은 도움을 줄 것이다.
③ 미용 테이블 주변 청소 · 정돈한다. 우선 사용하던 네일용품들의 뚜껑을 닫아 증발/휘발을 막을 것이며 간단한 정돈과 처리를 한다.
④ 접착제 등의 사출구(extender tip)를 깨끗이 닦아 뚜껑을 닫을 것이며, 구멍이 막힌 것은 깨끗한 이쑤시개를 사용하여 뚫어 유리 용기에 아세톤과 같이 담아 보관한다.
⑤ 패브릭의 보관 박테리아균의 오염을 예방하기 위해 플라스틱 봉지에 담아 밀폐한다.
⑥ 사용된 소모품들의 폐기. 한번 사용했던 소모품들은 테이블 옆에 매달아 놓은 봉지에 담아 버릴 것이며, 인조 네일의 잔여물들은 작은 봉지에 넣어 버린다.
⑦ 네일 테이블과 기구/소도구들의 위생처리. 사전에 위생처리 절차를 완전히 시행하라. 철제 도구(Impliments)들은 다음 고객을 위해 적어도 사용하기 최소 20분 전에 살균소독 처리가 되어야 한다.

5) 네일 랩에서 수입을 올린다

일반 미용에 더하여 네일 랩 미용으로 아주 건전한 이익을 많이 얻을 수 있을 것이다. 네일 랩 미용은 70년대 후반에 어느 디자이너가 손상되어 있는 네일을 수리할 목적으로 티 봉지의 종이를 이용했던 것이 유래가 되었다. 손톱의 강도(내구력)도 높여주는 동시에 미관상 효과도 있어 그 후 널리 행하게 되었고, 제조업자들도 뒤이어 소제의 제품도 내놓게 되었다. 오늘날 실크 랩이 가장 많이 쓰이고 다음으로는 파이버 글래스 랩이 뒤따르고 있다. 네일이 자라남에 따라 그 네일의 강도를 요구하는 고객들에게는 가장 강한 파이버 글래스 랩을 이용한다.

6) 패브릭 랩의 보수와 제거, 수리

패브릭 랩(fabric wrap)은 미용을 한 후 정기적인 보수작업을 해야만 늘 새로워 보인다. 이 과정에서는 2주 후의 보수 미용, 그리고 4주 후의 보수 미용에 관하여 배우게 된다. 그리고 패브릭 랩을 어떻게 제거하고, 깨어지거나 고장난 네일을 패브릭 랩으로 고치는 방법에 관하여 배우게 된다.

(1) 패브릭 랩의 보수

패브릭 랩에 대한 보수는 2주 후에는 접착제만을 채우고(fills) 4주 후에는 접착제와 패브릭을 채우는(fills) 보수를 하게 된다.

(2) 2주(14일) 후의 보수 미용

패브릭 랩 미용을 한 2주일 뒤에는 아래와 같은 보수 미용을 해야 한다. 기본적인 테이블에 추가하여 네일 접착제, 네일 블록 버퍼 접착 건조제를 준비할 것이다.

① 네일 랩 미용의 사전 조치 절차를 이행한다.
② 묵은 폴리시를 제거한다. 넌 아세톤계의 폴리시 제거제를 사용하여 랩이 상하지 않도록 한다.
③ 네일을 세척한다(clean nails).
④ 큐티클을 밀어 올린다.
⑤ 네일의 광(shine)을 없애준다. 고은 면의 버퍼를 사용하여 네일의 광을 없애주는데, 특히 새로 자라나온 손톱의 이음새와 랩 표면이 매끄러운가에 대하여 주의한다.
⑥ 네일 방부제를 바른다(apply nail antiseptic).
⑦ 새로 자라난 손톱 부위에 접착제를 바른다. 다른 피부에 묻지 않도록 주의하여 새로 자라난 손톱 끝 부분에 소량의 접착제를 바른다.
⑧ 접착 건조제를 적용한다.
⑨ 네일 전체에 접착제를 바른다. 다시 한번 전체 네일에 접착제를 발라서 랩을 감싸준다.
⑩ 접착 건조제를 적용한다.
⑪ 모양(shape)을 만들고 매만져(refine) 준다. 중간 또는 고운 면의 파일를 사용하여 네일 표면을 매끄럽게 다듬어 준다.
⑫ 네일의 버핑, 큐티클 오일을 바르고 블럭 버퍼를 사용하여 반짝거리도록 네일 표면을 버핑해준다.
⑬ 핸드 로션을 바르고 손과 팔의 마사지를 실시한다.
⑭ 기름기를 제거한다. 폴리시가 잘 접착되도록 솜이나 오렌지우드 스틱에 솜을 말아 네일과 그 주변의 기름기를 모두 닦아준다.
⑮ 폴리시를 바른다.
⑯ 네일 랩 미용의 사후 처리 절차를 시행한다.

(3) 4주 후의 보수 미용

4주일 뒤에는 손톱의 자라남에 따라 접착제의 추가 적용, 그리고 자라난 만큼의 패브릭을 더 씌워주는 미용을 하게 되는데, 네일 접착제, 네일 블럭 버퍼, 약간의 동일한 패브릭, 작은 가위, 그리고 접착 건조제 등을 기본 테이블에 추가로 준비할 것이다.

① 네일 랩 미용의 사전 준비 절차를 완료할 것.

② 묵은 폴리시의 제거. 넌 아세톤계의 폴리시 제거제를 사용하여 랩을 상하지 않도록 할 것이다.

③ 네일 세척 살균 비눗물로 손을 세척하고 랩이 상하지 않게 네일 솔로 가볍게 닦아 세척한다.

④ 큐티클을 조심스럽게 밀어준다.

⑤ 버퍼를 사용하여 네일 표면의 광(shine 빛남)을 없앤다. 이는 네일 표면에 생겨난 자생적인 기름이나 섬유 부스러기 등의 거친 것을 갈아 매끈하게 하는 것으로 작업 도중 자연 네일을 상하게 해서는 안 된다. 새로 자라난 자연 네일의 표면과 랩이 시작하는 지점이 매끄럽게 될 때까지 작업한다.

⑥ 네일 방부제를 바른다(apply nail antiseptic).

⑦ 패브릭 자르기(cut fabric). 랩 위에 새로 자라난 만큼의 손톱 면을 커버할 패브릭 소재를 준비한다.

⑧ 패브릭 오리기(trim fabric). 패브릭을 큐티클에서 약 1/16인치, 그리고 양면도 그 정도로 떨어지도록 하고 아래쪽으로는 기존의 랩을 약간 겹칠 만큼의 크기로 오린다.

⑨ 새로 자라난 곳에 접착제 바르기. 큐티클이나 그 주변 피부에 묻지 않게 주의하면서 네일이 새로 자라난 부위에 약간의 접착제를 고루 바르고 준비된 소재에도 적은 양을 묻혀 패브릭을 붙인다.

⑩ 접착 건조제를 적용한다.

⑪ 접착제의 2차 적용. 새로 자라난 부위에 보강을 위해 접착제를 2차 코팅 해준다.

⑫ 접착 건조제의 2차 적용.

⑬ 네일 전체에 접착제를 바른다. 네일 표면의 미세한 부분을 메우기 위해 혹은 보강을 위해 전체 네일 표면에 접착제의 엷은 코팅을 해준다.

⑭ 접착 건조제를 적용한다.

⑮ 모양(shape) 만들기와 매만져 주기(refine). 큐티클이 다치지 않도록 주의하면서 중간 또는 고운 면의 파일을 이용하여 네일 표면의 거친 면들을 매끄럽게 만든다.

⑯ 네일 버핑(buff nails). 네일에 큐티클 오일을 바르고 블럭 버퍼로 반짝(shine) 거리도록 버핑 해준다.

⑰ 핸드 로션을 바르고 손과 팔의 마사지를 실시한다.

⑱ 기름기를 제거한다(trace of oil). 폴리시가 잘 접착되도록 솜이나 오렌지우드 스틱 끝에 솜을 말아 아세톤으로 묻어 있는 기름기를 완전히 닦아낸다.

⑲ 폴리시 미용을 실시한다.

⑳ 네일 랩 미용을 위한 사후 처리 절차를 시행한다.

(4) 패브릭 랩 수리(repairs with fabric wraps)

미용된 랩 표면의 약해진 부분이나 고장난 부분을 매우 작은 패브릭을 이용하여 고칠 수 있다. stree strip 은 천을 1/8인치로 잘라 만든 압박대인데, 이는 4주 후의 보수 미용 절차에서 약한 부위를 수리하는데 응용된다. 역시 4주 보수 보용 절차에서 수리용으로 사용되는 수리용 팻취(repair patch)는 고장난 부위를 커버할 수 있게 천을 잘라서 만든 패브릭 소재이다.

(5) 패브릭 랩 제거하기(fabric wrap removal)

패브릭 랩을 제거할 때 네일을 손상하는 일이 없도록 주의할 것이다.

① 네일 랩 미용의 사전 처리 절차를 시행한다

② 네일을 불린다(soak nails)

손끝을 담글 수 있는 작은 유리 그릇에 아세톤을 담고 거기에 손끝을 잠시 담그게 한다.

③ 랩 밀어 제어하기(slide off wraps)

접착제가 녹아서 붙어 있던 랩이 밀려날 때쯤 오렌지우드 스틱 끝을 이용하여 랩을 밀어내면서 제거한다.

④ 네일의 버핑(buff nails)

블럭 버퍼를 사용하여 가볍게 자연 네일 위에 묻어 있는 접착제의 찌꺼기를 닦아낸다.

⑤ 큐티클 매만져 주기(condition cuticles)

큐티클 및 주변 피부를 큐티클 오일과 로션을 사용하여 손질해 준다.

3. 페이퍼 랩 미용(paper wraps)

페이퍼 랩 미용은 임시로 네일을 보강시켜 주는 것이다. 페이퍼 랩의 소재로 사용되는 엔드 티슈(mending tissue), 즉 매우 얇고 섬세한 섬유조직으로 되어 있는 종이를 네일 위에 덮어씌워 보강하는 것으로 종이 풀(mending liquid)을 사용하므로 오래 견디지 못하고 임시적인 것이다. 그 멘딩 리퀴드(mending liquid)라는 종이 풀은 폴리시 제거제에 용해되기 때문에 폴리시 미용을 할 때 페이퍼 랩까지 같이 떨어지게 된다. 이와 같이 약하기 때문에 긴 손톱을 가진 고객에게 권할 만한 것이 못된다.

1) 재료(supplies)

① 엔드 티슈. 얇고 가볍고 섬세한 섬유조직으로 질긴 종이.
② 멘딩 리퀴드(mending liquid). 걸쭉한 풀로 솔을 이용하여 바르며 폴리시 제거제로 용해된다.
③ 리지 필러(ridgc filler).

2) 페이퍼 랩 미용 기법

① 네일 랩 미용의 사전 조치 절차를 이행한다.
② 묵은 폴리시를 제거한다.
③ 네일을 세척한다(clean nails). 소독 비눗물과 네일 브러시를 사용하여 고객의 손을 부드럽게 세척한다.
④ 큐티클을 밀어준다.
⑤ 버핑으로 번쩍거림(shine)을 없애준다. 네일 표면의 번쩍거림을 중간 또는 고운 면의 파일을 사용하여 없애준다.
⑥ 네일 방부제를 바른다. 오렌지우드 스틱 끝에 솜을 말거나 스프레이를 이용하여 보는 네일 표면에 방부제를 바른다.
⑦ 엔드 티슈 준비. 네일 표면을 충분히 커버할 만큼 엔드 티슈를 프리 에지 밑까지 커버할 수 있도록 잘라서 준비한다.
⑧ 엔딩 리퀴드를 소재인 엔드 티슈에 바른다. 준비된 모든 소재에 충분히 바른다.
⑨ 티슈의 부착(apply tissue). 두 손가락을 사용하여 티슈를 네일 위에 부착시킨다.
⑩ 랩을 매끄럽게 편다.(smooth the wrap) 스틸 푸셔나 또는 오렌지우드 스틱 끝을 이용하여

네일 위에 놓인 풀이 칠해진 티슈를 아래, 위, 양 옆으로 당겨서 고르게 펴는데 필요하면 여러번 폴리시 제거제를 찍어 쓰면서 작업한다.

⑪ 여분을 오린다(trim excess tissue). 네일의 양 쪽 옆에 1/16인치 정도, 프리 에지쪽으로 프리 에지 밑까지 올린다.

⑫ 프리 에지 뒷면에 엔딩 리퀴드 바르기. 고객의 손을 뒤집어 프리 에지 아랫부분에 엔딩 리퀴드를 바른다.

⑬ 랩(wrap)을 편다. 푸셔(pusher)를 사용하여 프리 에지 아래의 랩을 펴 잘 붙도록 한다.

⑭ 네일을 손질한다(refine nail). 에머리 보드의 고운 면을 사용하여 부드럽게 랩의 표면을 닦아 티끌을 제거한다.

⑮ 엔딩 리퀴드 바르기(apply mending liquid). 네일의 표면과 프리 에지 아랫 부분에 두세 번의 엔딩 리퀴드 코팅을 해줌으로 보강시킨다.

⑯ 리치 필러를 바른다(ridge filler). 네일 위에다가 리치 필러를 얇게 발라 표면을 매끄럽게 만든다.

⑰ 폴리시를 미용한다.

⑱ 네일 랩 미용의 사후 처리 절차를 이행한다.

4. 리퀴드 네일 랩 미용(liquid nail wrap)

습식 네일 랩은 매우 미세한 유리섬유를 폴리시 형태로 제조한 것으로 자연 네일이 자라남에 따라 그대로 유지되도록 만들어진 것이다. 이것은 솔을 사용하여 표면에서 여러 방향으로 발라주어 조직(network)을 구성시켜 준다. 건조되면 자연 네일을 보호해주는 역할을 하며 네일 하드너(nail hardner)와 유사하나 파이버 성분이 더 많기 때문에 더 걸쭉하다.

13 아크릴 네일 (Acrylic Nail)

그림 13-1

1. 개론

아크릴(acrylic) 또는 스컬프처드(sculptured) 네일, 액체 아크릴(liquid acrylic)과 파우더 아크릴(acrylic powder) 제품의 혼합으로 만드는 것이다. 이상 두 개의 물질은 쉽게 네일 모양으로 만들 수 있으며, 일단 미용을 하면 굳어진 다음에는 매우 단단한 인조 네일이 된다. 이와 같은 아크릴 네일은 자연 네일 위에 씌울 수 있음은 물로 인조 네일 위에도 가능하다. 네일의 보강, 연장, 변형시키는 데도 활용이 가능하고 물어뜯은 네일의 수리나 낡아버린 네일을 수리하는 데도 적용된다.

기본적인 이 물질들의 화학적인 혼합 작용은 세 가지가 있다. 첫째, 모노머(monomer)로써 아주 작은 구슬 형태의 구형 물질이며, 액체 아크릴 제품의 하나이다. 다음은 폴리머(polymer)로써 이것은 구슬들이 길게 체인 모양으로 연결된 형태로 구성된 것이 보통 매우 단단한 물질로 변화되며, 제작 완료된 아크릴 네일은 이 폴리머이다. 세 번째로 카타리스트(catalyst)라고 불리는 첨가 물질이 있는데, 빨리 굳게 해주는 작용을 한다. 굳게 만드는 것을 큐어링(curing)한다고 말한다. 우리들이 사용하는 파우더 형태의 아크릴은 파우더로 걸러 만든 포리머와 커타리스트의 혼성 물질이다. 우리들이 아크릴 네일을 위해 어느 형태로 만드는 것을 폴리미리제이션(Polyimerization)이라 한다.

2. 스컬프처드 네일(acrylic nails over forms)

여기에는 단일 색상과 두 가지 색상으로 하는 두 가지 방법이 있다. 첫번째는 어느 색이든 단일색으로 네일 전체를 커버시키는 것으로 해당 색의 아크릴 파우더을 사용하며 보통 그 위에 폴리시를 미용한다. 두 개의 색상으로 하는 아크릴 네일은 프리 에지에는 백색, 네일 표면에는 투명(clear)하거나 자연색(natural), 그리고 핑크색 아크릴 파우더를 서서 만든다. 이같은 미용을 하면 마치 프랜치 미용을 한 것과 같은 폴리시 미용을 하지 않아도 된다.

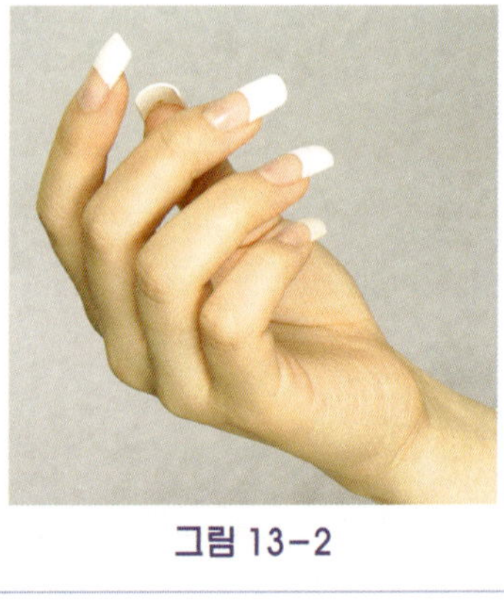

그림 13-2

1) 아크릴 미용을 위한 재료

기본적인 매니큐어 미용에 소요되는 재료에 다음과 같은 재료가 더 필요할 것이다.

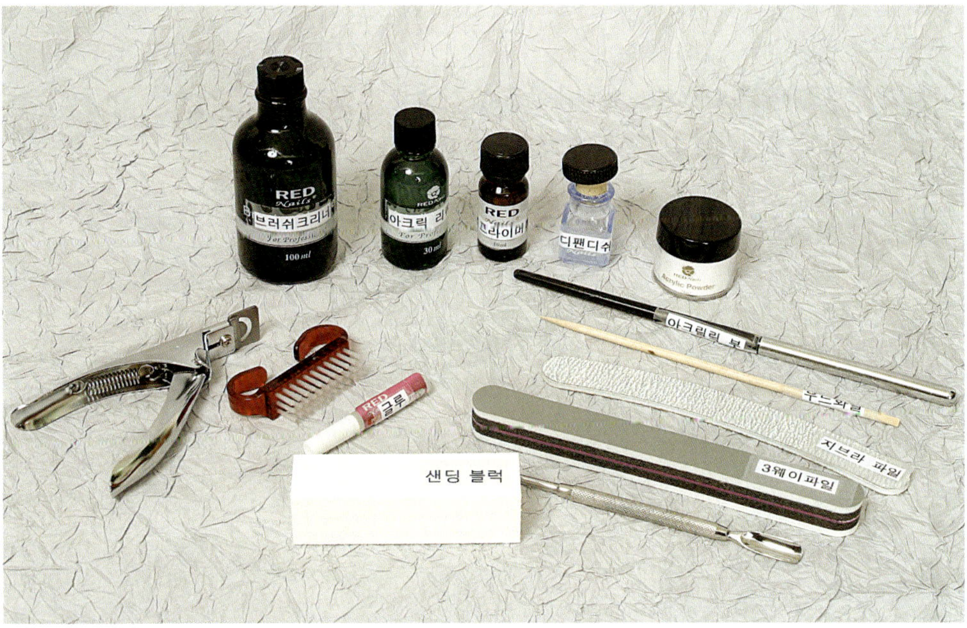

그림 13-3 아크릴 준비물

① 아크릴 액체(acrylic liquid)

이 액체는 아크릴 파우더에 섞어 스컬프처드 네일(sculptured nails)을 만드는데 쓴다. 이는 모노머라고 소개한 바 있다.

② 아크릴 파우더(acrylic powder)

흰색, 자연색, 그리고 핑크색으로된 파우더가 시중에 나와 있다. 당신의 미용법에 따라 색상이 달라질 것이다.

③ 프라이머(primer)

아크릴 제품이 자연 네일 표면에 잘 접착되도록 초벌로 네일에 바르는 것으로 두 종류가 있다. 에칭을 하지 않는 프라이머는 바르기는 쉬워도 그 성능이 에칭하는 것만 못하다. 에칭(etching)이라 함은 화학작용으로 다른 한쪽의 표피에 녹아들어가 서로 붙도록 함을 말한다. 프라이머는 매우 효율적이지만 잘못 사용하였을 때에는 커다란 손상을 주게 되므로 피부나 눈에 묻어서는 절대 안 된다. 프리머 작업을 할 때는 반드시 보안경과 플라스틱 장갑을 착용해야 한다.

④ 아크릴 전용파일

⑤ 아크릴 액체 및 파우더를 담아두는 작은 유리 용기(디팬디쉬)

⑥ 네일 폼(nail forms)

이 틀은 일회용 또는 재사용할 수 있는 두 가지가 있다. 일회용은 뒷면에 접착제가 발려 있어 원하는 곳에 다 붙일 수 있으며, 재사용할 수 있는 것은 알루미늄 플라스틱 테프론 등으로 만들어져 있으나 뒤에 접착제가 발라져 있지 않다.

일반 리퀴드

컬러 리퀴드

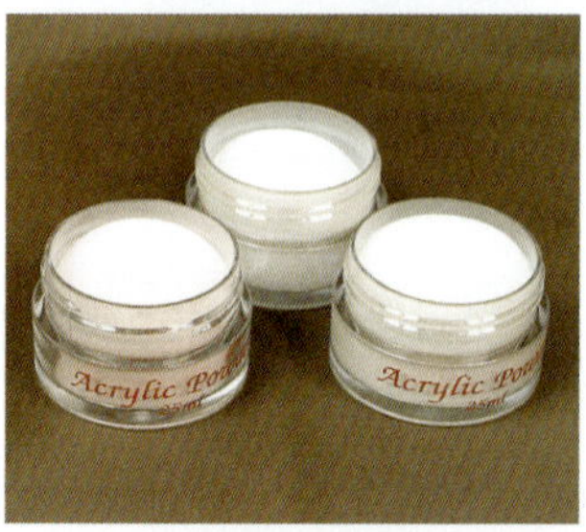
아크릴 파우더

프라이머

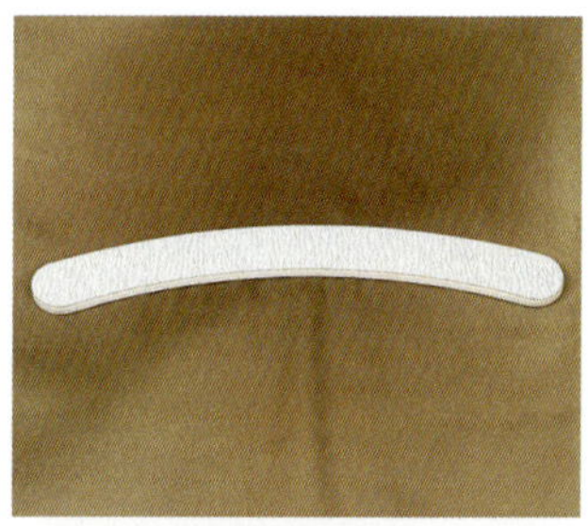
지브라 파일

디팬디쉬

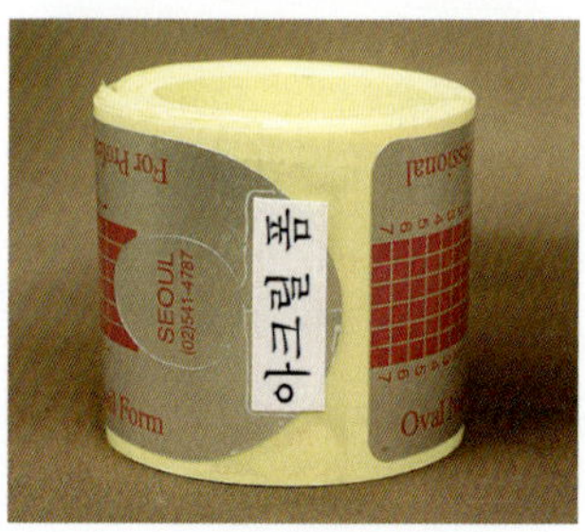

아크릴 폼

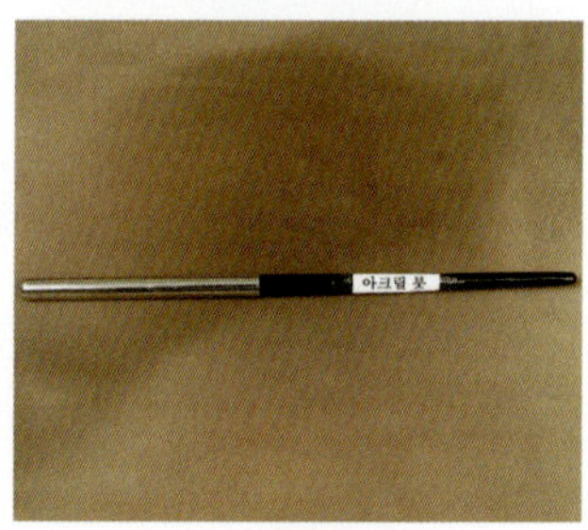
아크릴 붓

그림 13-4

⑦ 세이블 브라쉬(sable brush ; 붉은 담비털)
아크릴 소재를 만들고 적용하는 데에 쓰이는 작은 붓.
⑧ 눈 보호용 안전 안경
⑨ 프라스틱 장갑
⑩ 안전 마스크

2) 아크릴 네일 미용의 사전 준비 절차

① 사전 위생처리 절차를 시행한다.
② 기본적인 매니큐어 미용 테이블에 아크릴 재료를 추가로 준비한다.
③ 고객을 반겨 맞고 손을 소독 비눗물에 세척토록 하고 깨끗한 수건으로 말끔히 닦아준다.
④ 해당 고객의 관찰기록과 대조하면서 의견을 교환하는 상담을 한다. 고객의 네일과 손의 상태를 점검하여 미용을 시행하기에 부적합하면 의사에게 가도록 권유하면서 그 이유를 설명해 준다.

3) 아크릴 네일 미용 절차/기법

① 폴리시를 제거한다
왼쪽 새끼손가락부터 시작하여 큰 쪽으로 이동 작업하고 같은 방법으로 오른손에도 폴리시를 제거한다.
② 네일의 세척
고객의 손끝을 소독 비눗물에 담갔다가 그 용기 위에서 솔로 네일을 닦아주고 맑은 물로 비눗물을 씻어낸다. 아크릴 미용 전에 네일을 물에 오래 담궈 놓아 불려(soak)서는 안 된다. 자연네일 밑에서 각종 병균의 부작용이 심하게 될 것이기 때문이다.
③ 큐티클 밀기
오렌지우드 스틱 끝에 솜을 말아 조심성 있게 큐티클을 밀어올린다.
④ 네일 표면의 광을 없앤다
중간 또는 고운 면의 파일을 사용하여 네일 표면의 빛나는 기름 성분을 매우 부드러운 동작으로 닦아낸다.
⑤ 네일 방부제 바르기
왼쪽 새끼손가락부터 시작하여 방부제를 바르는데 스프레이나 오렌지우드 스틱을 이용한다.

⑥ 네일 폼을 끼운다(position nail foorm)

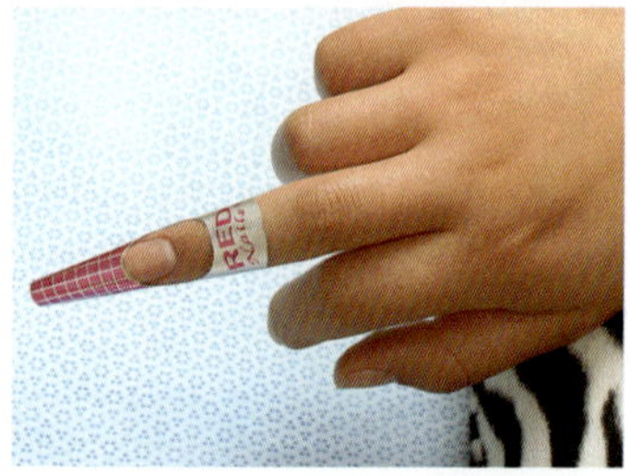

그림 13-5 폼 끼운 모습

만약 당신이 일회용을 쓰고 있다면, 뒤의 종이를 떼어내고 양 손의 엄지와 인지를 사용하여 고객의 네일 끝에 끼울 수 있는 형태로 구부려서 모양을 만들어 손끝에 밀어 끼우고 뒷면의 접착 테이프를 이용하여 고정 시킨다. 폼이 프리 에지 바로 밑에 잘 들어가 있는지, 자연 네일과의 공간 없이 잘 붙었는지를 확인한다. 만약 당신이 제 사용형의 폼을 사용한다면 폼을 손 끝에 끼워 프리 에지 밑에 잘 들어갔는지를 확인할 것이며, 무리하게 끼우다 프리 에지 부분의 피부를 상하는 일이 없도록 주의 해야 한다. 그리고는 폼을 약간 죄여서 손 끝에 고정되도록 한다.

⑦ 프라이머 바르기(apply primer)

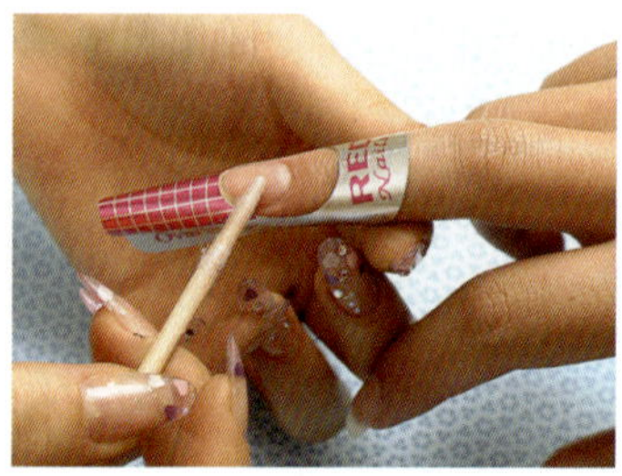

그림 13-6 프라이머 바르기

안전 안경을 착용하고 플라스틱 장갑을 끼고 고객에게도 안전 안경을 권해 본다. 프라이머는 아주 조심스럽게 소량을 오렌지우드 스틱 끝에 솜을 말아 네일 표면에 조금씩 바른다. 이것이 건조될 때까지 기다려야 하는데, 건조되면 우유빛으로 변하여 네일 위에 잘 붙게 되는 것이다.

⑧ 아크릴 파우더와 아크릴 액을 준비한다

아크릴 파우더와 아크릴 리퀴드에 각각 다른 조그만 용기에 담는다. 두 개의 색상을 가지고 미용을 할 것이면 모두 3개의 용기를 준비한다. 그런 경우 하나는 백색(white tip powder)의 파우더를 또 하나에는 다른 색(핑크, 내추럴, 투명 등)의 파우더를 담고 세 번째 용기에는 아크릴 액체를 담게 된다.

⑨ 아크릴 리퀴드에 브러시를 담근다

작은 붓(sable brush)을 아크릴 액체에 넣어 액체를 묻힌 다음 용기 둘레에 대고 돌려 흐르는 액체를 없앤다.

⑩ 아크릴 볼(Ball)을 만든다

액체가 묻은 붓을 백색 아크릴 파우더 용기에 넣고 한 바퀴 돌리면 작은 진주알만한 볼이 만들어지는데, 이는 프리 에지 미용 작업을 위해 충분한 양으로 알맞은 아크릴 볼이 되는 것이다.

기법상의 요령

프라이머를 바른 네일 표면이 완전히 마를 때까지 젖은 붓 등으로 건드리지 말라. 만약 조금이라도 건드렸다면 나중에 미용하는 아크릴이 떨어질 것이다.

⑪ 아크릴 볼을 가져다 놓는다

준비된 아크릴 볼을 네일의 프리 에지와 폼이 마주치는 중앙에 올려놓는다.

⑫ 프리 에지 만들기

붓(sable brush)의 중간 부위를 이용하여 그 볼을 가볍게 두드리면서 펴서 폼 위에 기존 프리 에지에 연장되는 확대된 프리 에지를 만들어 내는 것이다. 이때에 아크릴을 네일 표면에 바르지 말아야 한다. 페인팅하듯이 바르는 것보다는 가볍게 누르고 두드려 펴면서 만들어 주면 더 자연미를 가진 작품을 만들 수 있다. 주의할 것은 양쪽의 월 선과 평행되는 선에서 새로운 프리 에지 연장이 되어야 하는 것이다.(side wall line 손톱 양쪽 가장자리의 선)

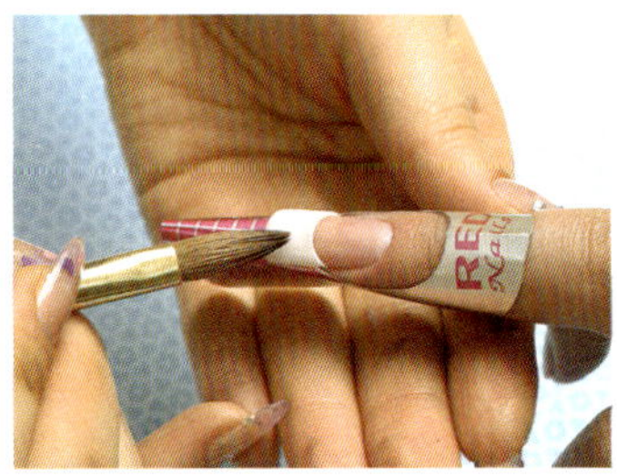

그림 13-7 White 파우더 스마일 라인 만드는 모습

만약 당신이 두 가지 색상의 아크릴 미용을 하는 것이라면 프리 에지 아랫면에 흰색 파우더를 적용하여 프랜치 미용을 한 것과 동일하게 보이도록 해주는 것을 잊지 말라.

⑬ 두 번째 아크릴 볼을 적용한다

첫번과 동일한 아크릴 볼을 첫 번째 위치보다 약간 위의 프리 에지 바로 위의 자연 네일의 중앙선과 교차점에 놓는다.

⑭ 모양 만들기

먼저와 동일한 방법으로 양 옆의 선과 위의 큐티클 근처까지 두드려 펴나가면서 매우 얇은 막을 만들어 준다. 만약 당신이 지금 두 가지 색상의 미용을 하고 있다면 핑크색 파우더를 사용할 것이다.

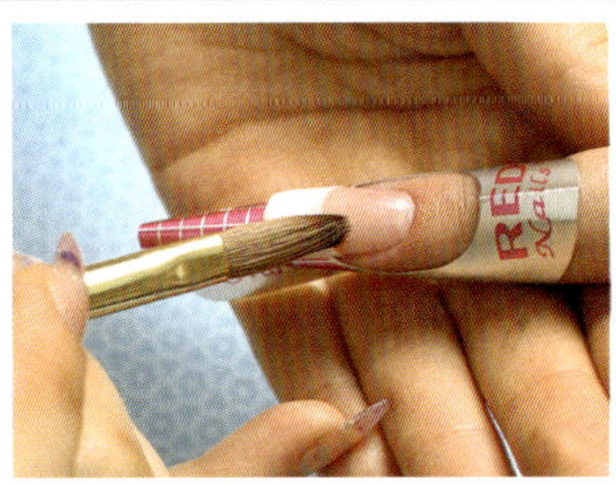

그림 13-8 투명 파우더 씌우는 모습

⑮ 핑크색 아크릴 구슬의 적용

매우 작은 크기의 핑크색 아크릴 구슬을 붓 끝으로 만들어(이번에는 더 축축하게) 큐티클 바로 아래 놓고 붓으로 아래쪽으로 발라 내려가는 식으로 기복을 메

꿔 네일 전체가 매끄럽게 보이도록 손질해 준다. 아크릴 미용에서 자연미를 얻으려면 큐티클과 사이드 웰 근처가 매우 얇은 아크릴으로 미용되어야 한다.

미용 기법상의 요령

만약 큐티클 근처에 아크릴을 너무 두껍게 바르면 잘 떨어지므로 주의 바란다.

⑯ 다른 네일에도 아크릴 미용을 계속한다

제5항부터 14항의 절차를 반복한다.

⑰ 폼(nail forms)을 빼낸다

지금까지 작업한 아크릴이 완전히 건조된 후 끼우고 있던 폼을 빼낸다. 아크릴이 잘 굳었으면 톡톡 건드리면 딱딱한 고체 음을 들 수 있을 것이다.

⑱ 파일의 중간쯤의 마찰 면을 이용하여 프리 에지를 자연스럽게 곡선으로 만들어 기복과 불완전함을 없애 주는 것이다. 연마 동작은 위부터 아래까지 길게 동작함으로 매끄럽게 해주며 큐티클 근처와 사이드 월 근처, 그리고 프리 에지의 표면은 가능한 얇게 만든다.

⑲ 네일 모양 만들기

블럭 버퍼를 가지고 버핑을 하여 전체 네일들을 매끄럽게 갈아준다.

⑳ 큐티클 오일 바르기

오렌지우드 스틱의 끝에 솜을 말아 큐티클 오일을 찍어서 큐티클과 그 주변의 피부 및 네일에 발라준다.

㉑ 핸드 크림을 바르고 손과 팔의 마사지를 시행한다

㉒ 네일의 세척 소독 비눗물이 담긴 용기에 고객의 손을 담갔다가 꺼내 그 위에게 네일 브러시를 사용하여 이물질과 잡티 등을 제거하고 맑은 물로 헹군 다음 청결한 수건으로 물기를 닦아준다. 만약 고객이 두 가지 색상이 아크릴 미용만을 요청했다면 이것으로 아크릴 접착 작업은 완료된 것이다.

㉓ 폴리시 바르기

고객이 단일 색의 아크릴 네일 미용을 원했으면 이제 고객이 선택한 색상의 폴리시 미용을 실시한다.

4) 아크릴 미용의 사후 처리 절차

① 다음 서비스의 예약을 받는다.
② 미용품을 판매한다.
③ 네일 테이블 주변을 정리한다.
④ 붓을 세척해 둔다.
⑤ 아크릴 제품의 보관
⑥ 사용한 소모품의 폐기
⑦ 네일 테이블과 기구/소도구들의 위생처리

기법상의 요령

근래에는 컬러 파우더를 사용하여 개성이 돋보이는 아크릴 스컬프처드 네일 등 많이 시술하고 있다

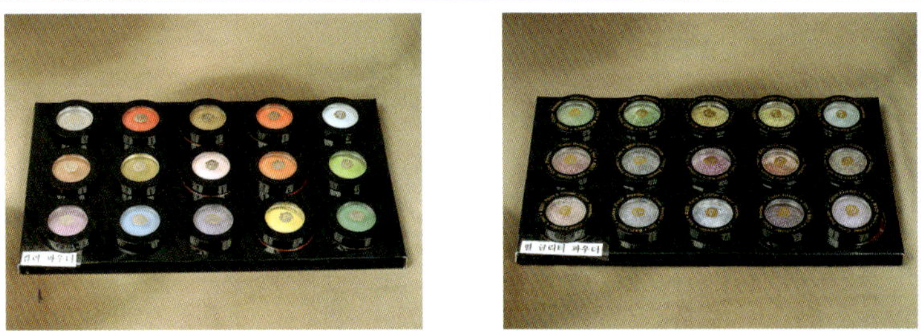

그림 13-9 컬러 파우더와 글리터 컬러 파우더

3. 자연 네일이나 팁 위의 아크릴 미용

1) 절차(기법)

① 아크릴 미용을 위한 사전 준비 절차를 수행한다.
② 폴리시를 제거한다. 왼쪽 새끼손가락부터 시작하여 폴리시 제거 작업을 한다.

③ 네일의 세척 따뜻한 비눗물에 손을 담근 후 네일을 솔질하고 맑은 물에 헹군 후 수건으로 닦아준다.
④ 큐티클 밀기. 오렌지우드 스틱을 이용하여 천천히 큐티클을 밀어올린다.
⑤ 네일 표면의 반짝임(shine)을 버핑으로 없앤다. 네일 표면에 있을 자생적인 기름기를 버핑으로 없애 주고 filling해준다.
⑥ 네일 방부제 바르기. 왼손 새끼손가락부터 오렌지우드 스틱을 이용하여 방부제를 각 네일에 바르는 것이다.
⑦ 프라이머 바름 보안경과 플라스틱 장갑을 착용한다. 오렌지우드 스틱으로 프라이머를 조금 네일에 조심스럽게 바르고 우유 색깔로 변하고 건조될 때까지 기다렸다가가 아크릴 미용에 들어간다.
⑧ 아크릴 리퀴드와 파우더를 준비. 아크릴 리퀴드와 아크릴 파우더를 꺼내어 담는다. 만약 당신이 두 가지 색의 미용을 할 것이라면 작은 용기 하나가 더 필요함으로 하나는 원하는 색상의 컬러 파우더 또는 백색의 파우더, 두 번째는 핑크색 또는 클리어 파우더, 그리고 세 번째는 아크릴 리퀴드를 담는데 쓸 것이다.
⑨ 붓을 아크릴 리퀴드에 담근다. 붓 끝을 리퀴드에 흠뻑 담갔다가 꺼내면서 병목에 한바퀴 부쳐 돌림으로써 흘러내릴 만한 량을 털어준다.
⑩ 아크릴 볼을 만든다. 리퀴드가 묻은 붓을 백색 또는 원하는 색상의 파우더에 넣으면서 한 바퀴 돌리면 붓 끝에 진주알만한 볼이 만들어진다. 이것은 프리 에지 전체의 미용을 위한 충분한 분량의 촉촉한(작업을 위해 적당한 농도) 아크릴 소재를 얻는 것이다.
⑪ 아크릴 볼을 프리 에지 위에 놓는다. 그 볼을 자연 네일 또는 네일의 프리 에지가 있는 곳 중앙에 갖다 놓는다.
⑫ 아크릴 볼을 프리 에지 모양으로 만든다(shape free edge). 붓의 중간 부위를 이용하여 누르면서 늘려 확대된 새로운 프리 에지를 만들어낸다. 양 옆 사이드 월의 선을 평행으로 만들고 네일 위에다가 페인트 칠하는 식으로 칠하지 말 것이다. 두 가지 색의 아크릴 미용을 하고 있다면 프리 에지 밑에는 백색 파우더 또는 원하는 색상의 컬러를 써서 개성 있는 미용을 시도할 것이다.
⑬ 두 번째의 아크릴 볼을 준비한다. 먼저와 같은 방법으로 붓끝으로 아크릴 볼을 만들어 바로 프리 에지선의 위에 해당하는 네일 중선에 갖다 놓는다.
⑭ 두 번째의 아크릴 볼을 가지고 모양을 만든다. 본항 13번 절차와 같은 방법으로 붓의 중간쯤을 이용, 누르면서 펴나가 큐티클 및 사이드 월까지 네일 전면에 매우 얇은 막면을 만들어 준다. 만약 당신이 지금 두 개 색상의 미용을 하고 있다면 본 절차에서는 핑크색 또는

클리어의 파우더를 사용할 것이다.

⑮ 아크릴 볼의 적용. 이번의 볼이란 준말로 작은 구슬 만한 량을 말함. 붓 끝으로 매우 소량의 파우더 큐티클 및 싸이드 월 있는 곳까지 매우 얇게 막면을 만들어 주면서 네일 면의 기복을 고르게 만드는 것인데, 될 수 있는 대로 위에서 아래쪽으로 밀어내리는 붓질을 한 번에 해야 미끄럽게 된다. 필요하면 리퀴드(액체)를 더 찍었다가 쓰면 된다. 여기서 주의할 것은 큐티클과 사이드 월 선 근처에서는 매우 얇게 아크릴 막면을 구성해야만 보기에도 자연미가 있을 뿐 아니라 잘 붙을 것이다. 만약 당신이 두 개 색상 미용을 하고 있는 것이라면, 이 절차에서는 핑크색 파우더 또는 클리어 파우더를 사용할 것이다.

⑯ 네일의 모양 만들고 손질한다(shape and refine nail). 파일의 거친 면(coarse)을 사용하여 프리 에지의 모습을 만들고 거친 것들을 갈아준다. 그리고는 중간 정도의 덜 거친 면으로 다듬어준다.

⑰ 네일의 버핑. 네일 블럭을 이용하여 네일을 매끄럽게 갈아 만든다.

⑱ 큐티클 오일 바르기. 큐티클 그리고 그 주변의 피부 및 네일 전체에다 오일을 바르고 문질러 준다.

⑲ 핸드 크림을 바르고 손과 팔의 마사지를 실시한다.

⑳ 네일의 세척. 소독 비눗물로 채워진 핑거 볼에다가 고객의 손을 담근 후 꺼내어 그 위에서 솔질을 하고 다시 맑은 물로 헹군 다음 수건으로 물기를 닦아준다. 이로서 당신은 두 개 색상의 아크릴 미용을 완료한 것이다.

㉑ 폴리시 미용을 한다. 단일 색상의 아크릴 미용일 경우 폴리시를 미용한다.

㉒ 아크릴 미용의 사후 처리 절차를 수행한다.

4. 물어뜯은 네일에 아크릴 네일 미용

1) 질차(기법)

물어뜯은(bitten) 네일에다가 아크릴 네일 미용을 하는 것은 폼을 이용한 아크릴 기법과 유사한 것이다. 단 좀 다른 것은 폼(nail form)을 적용하기 전에 미리 당신은 연장되는 네일을 만들어내야 하는 것이다.

① 아크릴 미용을 위한 사전준비 절차를 수행한다.

② 묵은 폴리시를 제거한다.
③ 네일의 세척. 소독 비눗물에 손을 담근 후 솔질로 네일을 닦고 맑은 물에 잠깐 동안 헹구게 한 다음 청결한 수건으로 물기를 닦아준다.
④ 큐티클의 밀어주기. 오렌지우드 스틱으로 큐티클을 밀어올린다.
⑤ 네일의 광을 제거한다. 파일의 중간이나 고운 면을 사용, 네일 표면의 자생적인 기름기와 필링(filling) 등을 매우 가볍게 닦아낸다.
⑥ 네일 방부제를 발라준다.
⑦ 프라이머(primer)를 바른다.
⑧ 아크릴 리퀴드와 파우더를 준비한다. 아크릴 리퀴드와 아크릴 파우더를 각각 다른 작은 용기에 쓸 만큼 담아온다.
⑨ 아크릴 볼(소재)을 만든다. 붓에 아크릴 리퀴드(액체)를 묻혀 가지고 그 붓을 파우더에 대고 돌려 만든 아크릴 볼(실제는 진주알만한 것)을 만든다. 만약 두 개 색상의 아크릴 미용을 할 때에는 백색 파우더를 사용할 것이다.
⑩ 아크릴 볼을 손톱 끝의 피부 위에 갖다놓는다.
⑪ 네일 판(nail plate)을 만든다. 붓의 중간 부위로 펴나가는 요령으로 손가락 끝 피부 위에 손톱을 연장해서 만든다. 이때 싸이드 월 선을 벗어나지 말아야 한다. 이것은 아크릴 미용을 위한 네일 폼을 맞추어 끼우는데 기반(base)이 되는 것이다.
⑫ 피부를 당겨준다. 아크릴이 완전히 건조한 후 붓대 끝으로 살짝 때려 보면 고체음을 들을 수 있을 것이다. 그리면 새로이 만든 프리 에지 밑의 피부를 에지로부터 천천히 당겨서 네일 폼을 올려놓고 아크릴 미용을 할 수 있는 크기의 프리 에지를 만든다.
⑬ 네일 폼을 놓는다. 네일 폼을 프리 에지 밑에 맞추어 끼워 앉힌다.
⑭ 아크릴 볼을 가져온다. 붓끝으로 만든 진주알 크기의 아크릴 볼을 가져다가 손끝의 끝과 폼이 만나는 지점에 갖다 놓는다.
⑮ 프리 에지 모습을 만든다.
⑯ 두 번째의 아크릴 볼을 적용한다. 먼저와 동일한 방법으로(본항 제 9 및 10절차) 만든 아크릴 볼을 붓끝으로 프리 에지 바로 아래 중앙선 위에 가져다 놓는다. 만약 지금 두 개의 색상 네일 시술을 하고 있는 경우에는 핑크 파우더를 사용할 것이다.
⑰ 두 번째 볼로 성형한다. 붓의 중간쯤을 이용하여 눌러 가는 식으로 큐티클과 사이드 월 쪽으로 네일 전면의 가장자리까지 펴감으로써 엷은 막 면을 만드는데 특히 가장자리에 가서는 얇게 만들어야 한다.
⑱ 작은 구슬(beads) 만큼의 작은 량으로 미화한다. 리퀴드를 많이 하고 파우더를 조금 붓으

로 찍어 큐티클 근처 네일 면에 손질하고 네일 전체 면에 발라 기복을 메우고 매끄럽게 한다. 만약 여기서 두 색상 네일 시술을 하고 있는 것이라면 핑크색 파우더를 사용할 것이다.

⑲ 네일 폼을 제거한다. 여기서 만들어진 새로운 네일이 완전히 건조한 것을 확인하면서 조심하여 끼워져 있던 폼을 제거한다. 건조 여부는 붓대 같은 것으로 두드려보면 고체음을 들 수 있다.

⑳ 네일의 모습을 만들다. 파일의 거친 면이나 중간쯤의 거친 면을 사용하여 프리 에지의 모양을 갖추게 갈며, 네일 면에도 불필요하게 튀어나온 것이 있으면 갈아 매끄럽게 한다.

㉑ 네일의 버핑. 블럭 버퍼를 사용하여 버핑으로 네일 전면이 부드럽고 매끄럽게 되도록 버핑한다.

㉒ 큐티클 오일 바르기. 큐티클 오일을 네일 그 주변 피부에 바르고 문질러준다.

㉓ 핸드 크림을 바르고 손과 팔을 마사지한다.

㉔ 네일의 세척 소독 비눗물이 담긴 핑거 볼에다 고객의 손끝을 담갔다가 꺼내들고 그 위에서 솔질하고 또 맑는 물로 헹군 다음 물기를 깨끗한 타월로 닦아준다.

㉕ 폴리시의 바름. 단일 색상의 아크릴 미용은 난색 폴리시를 바른다.

㉖ 아크릴 미용에 있어서의 사후 처리 절차를 수행한다.

5. 아크릴 네일의 보수와 제거

정기적인 보수 미용은 깨지거나 떨어지는 것을 방지할 수 있다. 만약 적절한 보수 미용을 하지 않으면 습기가 차고 오물이 끼어 결국은 곰팡이가 생기고 각종 병균이 활동하게 되는 것이다.

1) 아크릴의 보수 미용

보수 미용에는 두 가지 기법이 있다. 하나는 아크릴 네일의 채우기(full-in)이고 다음은 깨어진 것의 수리(crack repair)이다.

2) 필 인(fill-in)

네일이 자라남에 따라 큐티클 바로 아래의 gap에 아크릴을 채워주는 것이다. 통상 2~3

주에 한번씩은 해주는 것이다. fill-in 해주지 않으면 네일은 자연미를 잃어 보기에 나쁘다. 새로 자라난 부분의 자연 네일과 기왕에 시술했던 네일의 면과의 차이는 몹시 눈에 띌 것이다.

필 인(Fill-in) 보수를 위하여 다음과 같은 절차(기법)를 시행할 것이다.

① 아크릴 시술을 위한 사전준비 절차를 시행한다.

② 묵은 폴리시를 제거한다.

③ 네일 면의 차이를 없앤다. 새로 자라난 자연 네일 면과 아크릴 네일의 모가 나는 부분을 파일을 사용하여 매끄럽게 하여 아크릴 네일이 자연 네일인 것처럼 보이게 만든다.

④ 네일 전체를 손질한다(refine nails). 파일을 평면으로 잡고 고운 면을 사용하여 네일 전체를 닦아 매끄럽게 만들면서 프리 에지 쪽으로는 가급적 얇은 막 면으로 만든다.

⑤ 네일의 버핑. 버퍼 블록을 사용하여 네일 전체를 버핑하는데, 아크릴 네일이 새로 자라나는 네일 면의 연장인 것으로 보이게 한다.

⑥ 떨어진 아크릴을 연마한다. 접착면에서 떨어진 아크릴 부위를 파일(file)를 사용하여 가라서 모나는 부분을 없앤다.

⑦ 네일의 세척. 따뜻한 소독 비눗물에 고객의 손을 잠시 담궈 솔질한 후 맑은 물에 헹구고 물기를 타월로 닦아준다. 주의할 것은 네일을 물에 불리면(soak) 안 된다.

⑧ 큐티클 밀기. 오렌지우드 스틱 끝에 솜을 말아 조심스럽게 천천히 큐티클을 밀어올린다.

⑨ 네일의 빛남(shine)을 없애준다. 파일의 중간이나 고운 면을 사용하여 네일 표면을 가볍게 갈아 광택을 없애주고 이미 해 넣었던 필링(filling)을 없앤다.

⑩ 네일 방부제의 바름. 오렌지우드 스틱 끝의 솜이나 스프레이를 사용하여 방부제를 네일 면에 발라준다.

⑪ 프라이머 바르기. 보안경과 장갑을 끼고 고객에게도 안경을 권한다. 오렌지우드 스틱으로 적은 량의 프라이머를 자라나온 부분의 자연 네일 면에 바른다.

⑫ 아크릴 리퀴드와 파우더를 준비한다. 아크릴 리퀴드와 아크릴 파우더를 필요한 만큼 작은 용기에 각각 담는다.

⑬ 작은 아크릴 볼을 만들어 온다. 붓끝을 이용하여 매우 적은 량의 구슬을 만들어 새로 자라나온 네일 면에 놓는다. 두 개 색상의 네일 기법을 쓰고 있다면 핑크색 파우더를 사용한다는 것을 잊지 말 것이다.

⑭ 아크릴의 성형. 붓의 중간 부위를 사용하여 누르고 도닥거리며 새로 자라난 부위에 입히면서 기왕에 있는 아크릴 네일(sculptured nails)과 연결시켜 같은 것으로 보이게 한다.

⑮ 아크릴 볼을 만들어 온다. 매우 작은 아크릴 볼 한두 개를 네일 뿌리가 있는 곳에 놓고 붓의 중간 부위를 이용하여 큐티클 쪽으로 누르고 도닥거려 펴나간다.

⑯ 아크릴 구슬을 만들어 온다. 작은 구슬을 붓끝으로 만들어다가 네일 전체 면에 바른다. 붓을 가지고 위에서 아래쪽으로 길게 붓질하여 불완전한 곳에 메우고 매끄럽게 만든다. 네일의 가장자리, 즉 큐티클 사이드 월 가까이, 그리고 만약 두 가지 색상의 아크릴 미용을 하고 있다면 핑크색 파우더를 사용해야 한다.

⑰ 네일의 모습 만들기. 네일이 완전히 마를 때까지 기다린다. 건조 여부는 붓대 같은 것으로 건드려보면 고체음으로 확인할 수 있다. 파일의 거칠거나 중간쯤의 거친 면으로 네일을 연마하여 프리 에지의 모습을 갖도록 하여 불완전한 것은 갈아버린다. 중간쯤의 거친 면으로 위에서 아래로 길게 닦아 면을 고르고 예쁘게 하고 큐티클 쪽과 사이들 월, 그리고 프리 에지 쪽으로는 매우 얇게 만들어야 예쁘게 보인다(필 인 네일 기법을 두 번쯤 한 후, 즉 약 4~5주 동안 네일의 자라남은 미용한 백색의 아크릴 프리 에지가 자연 네일의 프리 에지를 훨씬 넘게 자라나 있게 된다. 이때쯤 고객은 폴리시 미용을 할 수 있고 자라난 백색 프리 에지를 없애고 단색의 네일 미용을 할 수 있다).

⑱ 네일의 버핑. 블럭 버퍼를 사용하여 네일 전체를 버핑하여 네일 전체 표면을 매끄럽게 만든다.

⑲ 큐티클 오일 바름. 오렌지우드 스틱 끝에 솜을 말아 큐티클 오일을 네일면 큐티클, 그리고 주변 피부에 바르고 문질러 준다.

⑳ 핸드 크림을 바르고 손과 팔을 마사지한다.

㉑ 네일의 세척.

㉒ 폴리시를 바른다.

㉓ 아크릴 미용에 있어서의 사후 처리 절차를 수행한다.

3) 갈라진 네일의 수리(crack repair)

아크릴 갈라진 네일 수리는 보수 미용에서의 필 인에 더하는 것으로써 고장난 곳을 수리함은 물론 그 주변 네일 면을 보강해 주는 것이다.

① 아크릴 미용을 위한 사전준비 절차를 이행한다.

② 묵은 폴리시를 제거한다.

③ 깨어진 곳을 갈아낸다. 아크릴의 깨어지거나 찢어진 부위를 V자형의 파일(file)을 사용하

여 갈아주며 거친 부스러기들을 제거한다.

④ 네일의 세척. 소독 비눗물에 손을 잠깐 담그게 했다가 꺼내어 솔질하고 맑은 물로 헹군 다음 물기를 깨끗한 타월로 닦는다.

⑤ 방부제를 바른다. 오렌지우드 스틱 솜 또는 스프레이를 사용, 네일 방부제를 네일에 바른다.

⑥ 프라이머의 바름. 자연 네일이 노출되었을 경우, 바르는데 안경과 장갑을 착용한 후 소량의 방부제를 자연 네일 면에만 바른다.

⑦ 네일 폼을 끼운다. 만약 깨어진 곳이 클 경우에는 더 든든하게 받쳐주기 위하여 네일 폼을 끼워 앉힌다.

⑧ 아크릴 리퀴드와 파우더를 준비한다. 필요한 만큼의 아크릴 리퀴드와 아크릴 파우더를 각각 다른 작은 용기에 담아온다.

⑨ 아크릴 볼을 만들어 온다. 붓 끝을 이용하여 먼저와 같은 요령으로 매우 적은 볼을 만들었다가 깨어진 곳에 갖다 놓는다. 만약 당신이 지금 두 개 색상의 미용을 하고 있다면 분명히 맞는 색상의 파우더를 써야만 한다.

⑩ 아크릴 볼을 가지고 성형한다. 볼을 누르면서 두드려 깨진 부위를 메운다. 폼 사이나 손톱 밑으로 끼어들지 않도록 주의해야 한다.

⑪ 아크릴 볼을 더 추가한다. 필요하면 아크릴 볼을 더 만들어 깨어져 파여진 부위를 메꾸어 종전의 네일 면과 동일하게 만들어 건조되도록 기다린다.

⑫ 폼(nail form)을 빼어낸다(만약 사용했을 경우).

⑬ 네일의 모양을 다시 손질해 만든다.

⑭ 버핑을 하여 매끄럽게 만든다.

⑮ 네일을 세척한다.

⑯ 큐티클 오일을 바른다.

⑰ 핸드 크림을 바르고 손과 팔을 마사지한다.

⑱ 네일을 세척한다.

⑲ 폴리시 미용을 한다.

⑳ 아크릴 미용을 위한 사후 처리 절차를 이행한다.

4) 아크릴 네일 제거하기

① 아세톤을 용기에 담근다. 고객의 손끝을 담글 만한 분량의 아세톤을 작은 유리 용기에 담

아온다.

② 손끝의 불림. 고객의 손끝을 담궈 약 15분 정도 불리는데, 필요하면 완전히 불릴 때까지 한다. 제조회사의 용법을 참고할 것.

③ 오렌지우드 스틱을 활용하여 아크릴을 떼어낸다. 스틱 끝으로 밀어내리는 식으로 자연 네일로부터 아크릴 네일을 떼어낸다. 모든 아크릴을 다 떼어내는데 절대로 가위나 니퍼 같은 연장을 사용해서(비틀거나) 잘라낼 생각을 말 것이다. 자연 네일에 큰 손상을 주기 일쑤이다.

④ 네일을 버핑한다. 블럭 버퍼의 아주 고운 면을 사용하여 매우 조심스럽고 부드럽게 자연 네일 면에 남아 있을지도 모르는 아크릴 잔여물을 닦아낸다.

⑤ 큐티클을 다시 만져 준다. 큐티클 오일과 핸드 로션을 사용하여 큐티클 및 그 주변의 피부를 매만져 준다.

6. 무취 아크릴

시중에 나와 있는 무취 아크릴이라 함은 냄새가 없는 것이 아니고 종전에 사용하던 것보다는 아크릴 냄새가 좀 덜하다는 것 뿐이다. 고객이 아크릴 냄새를 기피할 경우에 쓸만한 것이라 하겠다. 이는 냄새가 덜 나는 것과 매우 묽다는 것이 다른 것이다. 대부분의 무취 아크릴은 묽기 때문에 용도에 따라 발라주면 저절로 굳는(self setting) 것이라서 붓으로 늘려 펴고 토닥거리는 식의 성형 작업이 많이 줄어든다(걸쭉한 페인트와 유사). 그런 작업이 전혀 불필요한 것이 아니라도 어느 정도는 손질을 해주어야 하는데, 건조 시간이 길기 때문에 적당히 굳을 때까지 기다려야 하며, 이것이 잘 마르면 표면이 딱딱하지만 끈끈함을 보이는데, 이것을 갈고 닦고 하면 껍질이 좀 말려나오는데, 말려나오는 것이 끝나면 되는 것이다. 이 무취 아크릴 용제들과 종래의 아크릴 용제들은 전혀 성분이 다른 것이라 혼합하면 안 된다.

7. 연습을 하면 완벽한 네일 디자이너가 될 수 있다

아크릴 미용은 다른 네일 서비스에 비하여 시간이 조금 덜 걸린다. 그러나 시간을 주려 보겠다고 서두를 일은 아니다. 그보다도 신참 네일 디자이너들이 자주 저지르는 실수를 피해가면서 진행함이 현명할 것이다. 네일이 떨어지는 것을 방지하기 위해서는 아크릴공급회사가 요구하는 사용법을 숙지할 것이고, 멋있는(전문가의 작품) 아크릴 네일을 만들기 위해서는 먼저 폼을 적절하게 구부리는 등 준비를 하고 어느 정도 자신이 생길 때까지는 두 개 색상의 미용을 미루는 것이 좋을 것이다. 네일 표면에 뾰족하게 돋아나는 둔턱이 생겼다던가 하는 것은 붓을 깨끗하게 빨아서 사용하면 된다. 붓은 마른 수건 같은 것으로 닦을 것이며, 일회용 타월(종이)은 종이 티끌이 묻기 때문에 실패 요인이 된다. 아크릴 네일에 너무 많은 시간을 소비하는 것을 막기 위해서는 모든 절차/기법을 정확히 실행해야 하며, 이와 같은 연습을 많이 할수록 더욱 정밀하고 성공적인 미용을 할 수 있게 될 것이다.

14 젤 (Gel)

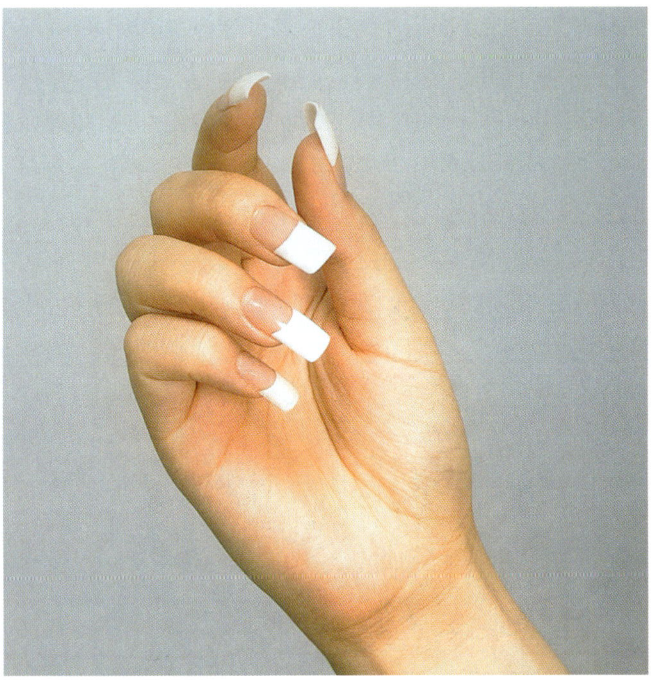

그림 14-1

1. 개론

본 14장에서는 당신이 창작적인 네일 기술 서비스를 제공할 수 있음을 소개하는 것이다. 지금쯤 당신은 직업적인 네일 디자이너가 필요로 하는 기본적인 기법들을 모두 습득하였을 것이다. 이제 당신은 예능적이고 혁신적이며 창작적인 네일 미용 세계의 문턱에 와 있다. 당신은 이 직업을 가지고 있는 한 제조 업체가 주체하는 세미나나 성인 직업교육 시설, 동업인 단체 등을 통하여 끊임없이 새로운 지식과 기술을 얻도록 노력해야 할 것이다.

더 많은 기술과 지식을 가지면 그만큼 고객을 더 기쁘고 만족스럽게 할 수 있다. 다음 페이지에서는 젤을 이용한 네일 예능을 소개한다. 젤(gel)은 매우 강(strong)하다. 젤은 폴리시를 바르는 것같이 붓으로 바르면 되는데, 매우 질기고 오래 견디는 것이다. 젤은 아크릴 소재와 화학적으로 비슷한 밀도를 가지는 물질이지만, 젤은 별도의 카타리스트(catalyst)인 응고제(凝固劑)가 필요하다. 젤에는 두 가지 종류가 있다. 라이트 큐어드 젤(Light cored gel)은 특수광선- 자외선(ultrabiolet light) 또는 할로겐 램프(halogen lamp)의 빛을 쏘임으로 굳게 하는 것. 다른 한 가지는 노 라이트 젤(no light gel)로 광선이 아닌 응고제를 스프레이 또는 붓으로 바르거나 또는 물에 담금으로써 굳어지는 것이 있다. 젤은 여러 가지 색상으로 시중에 나와 있고, 젤 위에 폴리시를 바를 필요가 없다(그 자체의 아름다운 색상이 나옴으로). 다시 말하여 색상 있는 젤 시술을 하면 폴리시 미용을 한 것과 동일하게 보이는데, 원한다면 그 위에 폴리시를 바를 수도 있고 폴리시를 제거하면 젤의 원색이 그대로 남아 있다. 따라서 색상이 있는 젤 미용은 네일 예능의 큰 기초라 할 수 있겠다. 네일 예능은 당신에게 끝없는 창작의 기회를 주고 있으며 고객에게 개성미를 갖게 할 수 있다.

2. 자연 네일이나 팁 위에 하는 라이트 큐어드 젤

1) 재 료

기본적인 매니큐어 미용 테이블에 아래의 물품을 추가로 준비한다.

(1) 라이트 큐어드 젤(Light cored gel)

① 큐어링 라이트(Curing light). 제조회사에 따라 그 모양과 크기가 다르나 전기식의 광선을

쏘이는 상자로서 자외선(Utraviolet ray) 또는 할로겐(Halogen) 램프를 사용하고 있다.

② 브러시(brush) 하는 작업의 능률을 고려하여 작고 네모나고 아랫부분이 일직선으로 잘려진 인조섬유로 된 브러시를 선호한다.

③ 네일 폼(nail forms)

④ 프라이머(primer)(젤의 제조회사에서 권할 경우)

⑤ 샌딩블럭(block buffer)

⑥ 네일 팁(nail tips)

⑦ 접착제(adhesive)

⑧ 네일 예능에 필요한 용품들

2) 젤 미용의 사전준비 절차

① 사전 위생처리 절차를 이행할 것.

② 기본적인 테이블에 라이트 큐어드 젤 미용에 필요한 물품을 추가한다.

③ 고객을 반겨 맞고 고객의 손을 소독 비눗물에 세척한 후 타월을 가지고 물기를 닦아준다.

④ 해당 고객의 관찰기록과 대조하면서 상담을 실시한다. 고객의 손과 네일의 건강 상태를 점검한다. 만약 미용을 할 수 없는 상태면 그 이유를 설명하고 의사에게 갈 것을 권한다.

3) 라이트 큐어드 젤 미용 절차

① 묵은 폴리시를 제거한다. 왼손의 새끼손가락부터 시작하여 큰 쪽으로 이동 작업하며 오른손에도 동일하게 실시한다.

② 네일의 세척. 고객의 손끝을 소독 비눗물이 담아 있는 핑거 볼에다 담구었다가 그 위에 꺼내 들고 네일을 솔질한 연후에 깨끗한 물에 잠깐 동안에 헹구게 한 후 타월을 가지고 물기를 닦아준다.

③ 큐티클의 밀어주기. 오렌지우드 스틱 끝의 솜을 이용하여 큐티클을 천천히 조심스럽게 밀어올린다.

④ 네일의 광택을 없애준다. 파일의 고운 면을 사용하여 매우 가볍게 네일 면의 자생적으로 생겨난 번쩍거리는 기름기, 그리고 과거에 조처했던 필링(filling)을 닦아낸다.

⑤ 네일 방부제를 바른다. 종선의 순서대로 왼손의 새끼손가락부터 방부제를 네일 면에 바른다.

⑥ 필요한 경우 팁을 붙인다. 손님이 팁을 원할 경우 절차에 따라 팁을 붙인다.

⑦ 프라이머의 바름(단 젤의 제조회사가 용법에 프라이머를 바르라고 명시하였을 경우). 만약 실시할 경우에는 우선 안전 안경과 장갑을 착용하고 고객에게도 안전 안경을 권해볼 것이며, 오렌지우드 스틱 끝에 솜을 말아 약간씩 프라이머를 네일 면에 바르고 그것들이 우유 빛으로 변하여 마를 때까지 기다린다.

기법상의 요령

제조회사에 따라 큐어(굳게 하고 고체화시키는 것) 시키는 방법이 다르다.

⑧ 젤을 바른다. 붓을 사용하여 네일 표면에 매우 얇고 고르게 폴리시 미용을 하는 것과 동일하게 젤을 바른다. 이때 큐티클에 묻으면 젤이 떨어지기 쉽다.
⑨ 젤을 경화시킨다. 손끝을 라이트 큐어 장치에 쪼이도록 하고 지정한 큐어 시간에 타이머(시계)를 맞추어 놓는다.

기법상의 요령

작업중 젤의 용기와 붓을 빛과 열을 내는 라이트 큐어 기구로부터 마르거나 굳어지는 것을 피하기 위해 멀리 있게 할 것이다.

⑩ 다른쪽 손에도 본항의 제8 및 제9 절차를 시행한다.
⑪ 왼손에 두 번째 젤 코팅을 해준다. 매우 얇고 고르게 코팅을 더해주는 것인데, 네일 표면에 티끌이 없어 깨끗하고 매끄러워야 한다.
⑫ 젤을 큐어시킨다.
⑬ 오른손에도 본항의 제11 및 12절차를 시행한다.
⑭ 제11절차부터 제13절차까지 시행한다.
⑮ 네일의 세척. 알코올 또는 제조회사가 지정한 세척제를 사용하여 큐어를 완료한 아크릴 네일의 찌꺼기나 티끌을 닦아낸다. 큐어된 네일은 젤을 잘 발랐으면 버핑을 할 필요가 없을 정도로 매끈하고 빛이 날 것이다.
⑯ 큐티클 오일의 바름. 네일 그 부분의 피부에 큐티클 오일을 바르고 문질러준다.
⑰ 핸드 크림을 바르고 손과 팔을 마사지한다.
⑱ 네일의 세척 소독. 비눗물에 손을 담갔다가 솔질하고 맑은 물에 잠깐 헹구고 타월로 물기

를 닦아준다.

⑲ 폴리시를 바른다.

4) 젤 미용의 사후 처리 절차

라이트 큐어드 젤 미용은 완료되었다. 사후 처리 절차를 아래와 같이 실행토록 한다.

① 다음 예약을 마련한다. 미용을 최상의 상태로 유지하기 위하여, 또는 다른 서비스를 위하여 다유 방무 스케줄을 잡아둔다.

② 네일 용품을 추천한다. 서비스 받은 상태를 최선으로 유지하기 위해 가정에서 사용하면 좋은 네일 용품을 추천한다.

③ 테이블 주변과 미용 테이블 주변을 정돈하고 기본 용품들을 제자리에 정돈한다.

④ 사용한 소모품의 폐기. 한번 사용한 소모품들을 옆의 봉지에 넣어 버리고 특히 젤 미용에서 나온 쓰레기들은 자주 버려야 한다.

⑤ 테이블과 작업 도구를 소독한다.

5) 폼 위에 라이트 큐어드 젤 미용

고객이 자연 네일을 더 보강하고 더 길게 만들기 위하여 가벼운 인조 네일을 원할 때 폼 위에 라이트 큐어드 젤 미용을 추천하여 주면 좋다.

① 젤 작업을 위한 사전준비 절차를 이행한다. 기본적인 매니큐어 테이블에 라이트 큐어드 젤 작업을 위한 재료들을 준비한다.

② 네일 폼을 끼운다. 아크릴 네일을 폼 위 작업할 때와 같이 열 손가락에 맞는 폼을 끼운다.

③ 자연 네일 표면에 젤을 바른다. 처음에 젤을 자연 네일에만 바르고 네일 폼에는 바르지 않는다.

④ 젤을 큐어시킨다.

⑤ 프리 에지를 만든다. 프리 에지를 만들기 위하여 폼 위에 젤을 바른다.

⑥ 젤을 큐어한다.

⑦ 네일 전체 면에 젤을 바른다. 자연 네일 표면은 물론 프리 에지에도 젤을 바른다.

⑧ 젤을 큐어한다.

⑨ 폼을 빼어서 떼어낸다.
⑩ 프리 에지를 갈아 다듬어서 모양을 만든다.
⑪ 폼을 떼고난 후인 네일 전체에 다시 한번 젤을 바른다.
⑫ 젤을 큐어한다.
⑬ 이물질을 제거한다. 알코올 또는 제조회사 측에서 지정한 세제로서 솜에 세제를 묻혀 닦아내는데 모든 찌꺼기 때 잡티 등 이물질을 깨끗이 닦아낸다. 만약 젤만 잘 시술했다면 당신의 작품은 아름답게 빛나고 있을 것이며 더 이상의 폴리시 미용이 불필요할 것이다.
⑭ 큐티클 오일의 바름. 네일 주변의 피부 네일 큐티클에 큐티클 오일을 문질러 준다.
⑮ 핸드 크림을 바르고 손과 팔의 마사지를 시행한다.
⑯ 네일의 세척. 소독 비눗물이 담긴 핑거 볼에 고객의 손끝을 담구었다가 꺼내들어 솔질한 연후 맑은 물에 헹구고 물기를 닦아준다.
⑱ 젤 작업 후의 서비스를 완결한다.

2. 노 라이트 젤 미용(no-light gel application)

노 라이트 젤은 여러 가지 종류가 있는데 큐어하는 물질이 따라 나오고 있다. 물에 담그는 것이 있고 큐어시키는 용제를 붓으로 칠하거나 스프레이로 뿜어주는 것도 있다. 다음은 일반적인 노 라이트 큐어 미용의 절차를 썼지만, 제품회사의 설명서를 따르는 것이 중요하다.

① 젤 미용을 위한 사전 준비 절차를 필하라.
② 폴리시를 제거한다. 왼쪽 새끼손가락부터 시작하여 큰 쪽으로 이동 작업하고 같은 방법으로 오른손에도 폴리시를 제거한다.
③ 네일의 세척. 고객의 손끝을 소독 비눗물에 담궜다가 그 용기 위에서 솔로 네일을 닦아주고 맑은 물로 비눗물을 씻어낸다.
④ 큐티클 밀기. 오렌지우드 스틱 끝에 솜을 말아 조심성 있게 큐티클을 밀어올린다.
⑤ 네일 표면의 광택을 없앤다. 중간 또는 고운 면의 파일을 사용하여 네일 표면의 빛나는 기름 성분을 매우 부드러운 동작으로 닦아낸다.
⑥ 네일 방부제 바르기. 왼손 새끼손가락부터 큰쪽으로 네일 방부제를 네일 표면에 바른다.
⑦ 필요할 경우 팁을 붙인다. 고객이 원하면 네일 팁 시술을 하는데 자세한 절차/기법은 제13

장 참고할 것임.

⑧ 젤을 바른다. 네일 전체에 젤을 바르는데 붓을 사용하여 칠하거나 적당한 량을 병째로 따라 바르는 수도 있다. 네일에만 바를 것이며 큐티클에 묻이면 떨어지는 요인이 된다.

기법상의 요령

어떤 제품은 몹시 묽어서 손가락 하나씩 바르고 큐어시킨 후 다음 손가락 작업을 해야 하는 것도 있다. 여하간에 제조회사측의 용법을 습득할 것이다.

⑨ 물 또는 활성제(activator)를 사용하여 젤을 큐어하라. 그 이름을 엑티베이터 큐어드(activator-cured)라고도 하고, 또는 애드허시브 드라이어(adhesive dryer)라고도 하는데, 이것을 스프레이로 뿌려주거나 붓으로 칠해준다. 만약 스프레이를 사용할 경우 손으로부터 약 8인치 정도 위에서 뿌려야 하고 다른 피부에 닿지 않도록 주의한다.

⑩ 본항 절차 제8항과 제9항을 오른손에도 실시한다.

⑪ 두 번째 젤을 바르고 필요하다면 큐어시킨다. 노 라이트 젤의 경우 두 번째 젤 코팅에서는 큐어시키지 않아도 되는 경우가 있다. 제조회사측의 용법에 따라 다르니 용법을 습득하고 따르기 바란다.

⑫ 네일의 모습을 만들다. 파일의 거친 면이나 중간쯤의 거친 면을 사용하여 프리 에지의 모양을 잡고 다듬는다. 네일 면에도 불필요하게 튀어나온 것이 있으면 갈아 매끄럽게 한다.

⑬ 네일의 버핑. 블럭 버퍼를 사용하여 네일의 광을 낸다.

⑭ 큐티클 오일의 바르기. 큐티클 오일을 네일은 물론 그 주변 피부에 문질러준다.

⑮ 핸드 크림을 바르고 손과 팔을 마사지한다.

⑯ 네일의 세척. 소독 비눗물이 담긴 핑거 볼에다 고객의 손끝을 담갔다가 꺼내들고 그 위에서 솔질하고 또 맑은 물로 헹군 다음 물기를 깨끗한 타월로 닦아준다.

⑰ 폴리시를 바른다.

⑱ 젤 작업 후의 서비스를 한다.

3. 젤 미용의 보수와 제거법

1) 젤 미용의 보수

젤 미용의 보수는 손톱의 자라는 속도에 따라 조금 다르지만, 보통 2~3주 후에는 다시 보수 미용을 하여야 한다. 파일의 중간 연마 면을 사용하여 네일 전체의 번쩍거림을 없애줄 것이며 새로 자라나온 손톱의 면과 과거에 미용한 젤의 면의 차이를 연마하여 그 높이를 동일하게 한다. 파일 등을 각도를 주지말고 평면으로 잡고 연마해야 한다. 잘못하면 자연 네일 면에 흠을 낸다든가 상처를 입힐 위험이 있다. 갈고 닦는 작업은 인조 부분을 자연 네일에 맞추어 자연 네일의 연장인 것처럼 다듬어야 한다. 그리고 버핑으로 자연 네일과 인조 네일의 연결 부분을 닦아주는데, 너무 과하여 자연 네일을 손상하는 일이 없도록 해야 한다. 매끄럽게 다듬어 졌으면 자연 네일 위에 실시하는 젤 미용을 시행한다.

2) 젤의 제거

고객의 손끝을 아세톤(혹은 젤 제조회사가 권하는 제거제)이 담긴 유리 그릇에 몇 분간 담근 후 오렌지우드 스틱을 이용하여 네일 팁을 밀어 떼어내고 샌딩 블럭을 사용하여 매우 부드러운 동작으로 네일 면에 남아 있는 접착제 성분을 제거한다. 큐티클 오일과 크림을 사용하여 큐티클 및 그 주변의 피부를 손질해 준다.

15 네일 아트 (Nail Art)

그림 15-1

1. 네일 미용의 창조

네일 예능은 네일 미용 기술 중 가장 흥미로우며 창작적인 부분이다. 조그만 화폭인 손톱 위에 창작적인 그림을 그려 넣을 수도 있고, 작은 장식 보석을 단다든지, 사선 테이프(stripe tape) 또는 은박(foil)을 넣어 빛나게 하는 등 고객이 즐거워하는 많은 작품을 창작할 수 있다.

본 과목에서는 장식, 보석류, 은박(foil), 테이프, 그리고 에어 브러시(airbrushing)를 이용한 네일 예술을 간단히 소개할 것이다. 워터데칼, 프로트랜스 등 여러 형태의 네일 아트를 배우게 될 것이다.

만약 열 손가락 전부에 예능 미용을 할 경우에는 시간을 따로 잡아야 하겠지만 예능가로서의 당신은 이런 창작의 기회를 활용하기 바란다. 색상과 디자인 일상생활에서의 아이디어를 가지고 새로운 예능 작품을 만드는 것이다. 추상적이며 어려운 디자인을 시도하다. 잘못되도 지우개(폴리시 제거제)로 지우고 다시 할 수 있으므로 걱정하지 말 것.

1) 젬(gems ; 인조보석)

네일 예능용으로 매우 작은 라인스톤(rhinstone ; 인조 보석)가 많이 쓰이며 여러 종류의 모양과 색상 크기로 공급되고 있다. 툴 또는 오렌지우드 스틱을 이용하여 작은 젬을 폴리시가 아직 마르기 전에 네일 표면의 원하는 곳에 놓으면 붙은 상태로 함께 마르게 된다. 그리고 다 건조된 다음 그 위에 탑 코트를 바르고 그후 3~4일에 한번씩 탑 코트를 발라줌으로써 더욱 단단히 붙어 있게 하고 더 빛이 나게 한다.

스톤케이스와 스톤

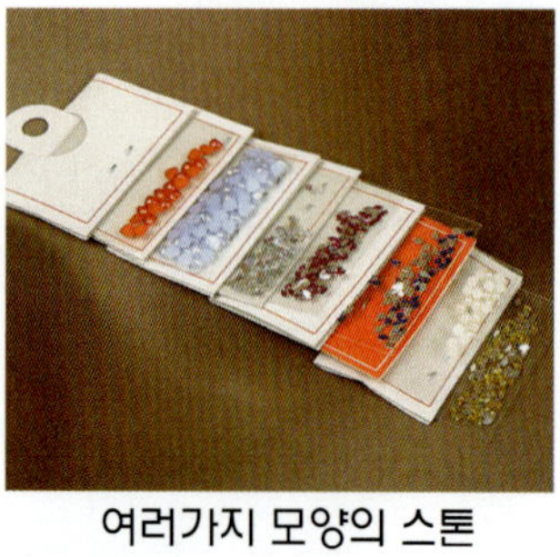
여러가지 모양의 스톤

스톤을 이용한 디자인

그림 15-2

2) 스트라이핑 테이프(striping tape)

스트라이핑 테이프는 여러 가지 색상으로 나와 있다. 은색, 황금색, 그리고 검은색이 많이 쓰인다. 테이프들은 뒷면에 끈끈이가 있어 폴리시 미용된 네일 위에 붙여주면 된다.

그림 15-3 스트라이핑 테이프 (금, 은)

3) 틴에이저를 위한 네일

청소년을 상대로 한 네일 예능과 네일의 보석달기 등의 수입도 적은 것이 아니다. 청소년들의 학교 개학전, 졸업 시즌, 또는 주요 공휴일 전에 청소년들의 모임을 주선, 후원하여 예능적 네일 미용을 소개한다든지 지방 신문잡지 등 매체를 이용하여 염가로 네일 예능 보석달기 등을 광고함으로써 청소년들의 시장을 파고들어라. 시범으로 예능 작품을 제공한다든지, 기간을 정하여 세일을 한다든지, 청소년의 새로운 아이디어를 사주고 실제적으로 작품화하여 혁신적 작품을 개발할 수 있을 것이며, 특히 젬을 이용한 작품이 인기 있을 것이다. 청소년들의 참여를 높이기 위해서는 계획 단계부터 잘 계획을 세워야 한다. 직접 잘 아는 청소년이 없으면 학교 당국에 의뢰하여 소개를 받아 그들로 하여금 자문위원회 같은 것을 구성토록 하여 적극적인 활동을 펴나갈 것이다. 멤버들에게 시범 서비스 등을 제공하는 방법도 있다.

테이프를 네일에 붙인 후 테이프 모서리의 받침을 떼어낸다(peel off). 테이프의 끝을 큐티클로부터 1/16인치 프리 에지로부터 1/16인치 정도로 잘라내는데 작은 가위를 사용하여 깨끗하게 자른다. 만약 더 길면 테이프가 말리고 떨어지는 요인이 된다. 그 위에 탑 코트를 미용하고 3~4일 마다 탑 코트를 바른다.

그림 15-4 스트라이핑 테이프를 이용한 디자인

4) 에어브러시의 사용

에어브러시는 압축 공기를 만드는 컴프래셔를 사용하여 공기를 브러시(붓)를 통하여 품어내는 것이다. 에어 브러시로 페인트를 칠하면 붓으로 칠한 것과는 다른 멋있고 세련된

그림 15-5 에어브러시 디자인

맛을 보여준다. 에어 브러시는 보통 두 개의 동작 방식이 네일 미용에 사용되고 있는데 기본적 동작 방식은 간단하다. 당김쇠를 누르면 에어가 뿜어 나오고 당김쇠를 당기면 페인트가 나온다. 그 당김쇠는 페인트가 뿜어 나가는 힘과 넓이(면적)를 조정하기도 한다. 이것으로 적은 분량의 페인트를 가볍게 살짝 뿌려줄 수도 있고, 아주 많은 페인트를 진하게 뿜어줄 수도 있으며, 그 중간을 어느 것이나 조정할 수 있다.

당김쇠(레버) 사용법을 익혀 에어 브러시 사용에 숙련될 것이다. 그러면 당신이나 고객의 손에 불필요한 페인트를 묻히지 않고 창작적인 미용을 할 수 있을 것이다. 한 가지 요령은 보통 페이트를 적게 쓸수록 작품은 더 성공적이다. 비치는 종이(stencil)에 당신의 디자인을 미리 그려넣고 본다든가 머리속에 디자인을 그려 보는 등의 사전 준비가 필요할 것이다. 만약 수성 페이트(water based paint)를 사용하고 있다면 탑 코트로 보호를 해주어야지 아니면 물에 지워지게 된다. 에어 브러시는 색상이 바뀔 때마다 반드시 빨아야 하며 특히 두 번째 색상이 먼 저것보다 엷을 때는 더욱 그러하다. 에어 브러시를 에어 브러시 크리너(air brush cleaner)를 사용하여 빨아주며 마지막으로 헌 매트 같은 곳에 뿜어주어 깨끗하게 세척이 되었는지 확인한다. 에어 브러시의 세척을 조금이라도 덜 하려면 당신의 디자인 중 엷은 색부터 진한색으로 이동하는 것이 요령일 것이다.

그림 15-6 에어브러시 디자인

5) 핸드 페인팅

그림 15-7 다양한 물감을 이용하여 연출한 작품

그림 15-8 다양한 물감을 이용하여 연출한 작품

6) 프로트랜스

그림 15-9 잡지나 사진들을 오려 손톱 위에 붙인 작품

7) 아크릴 파우더를 이용한 작품

그림 15-10

8) 컬러 리퀴드를 이용한 작품

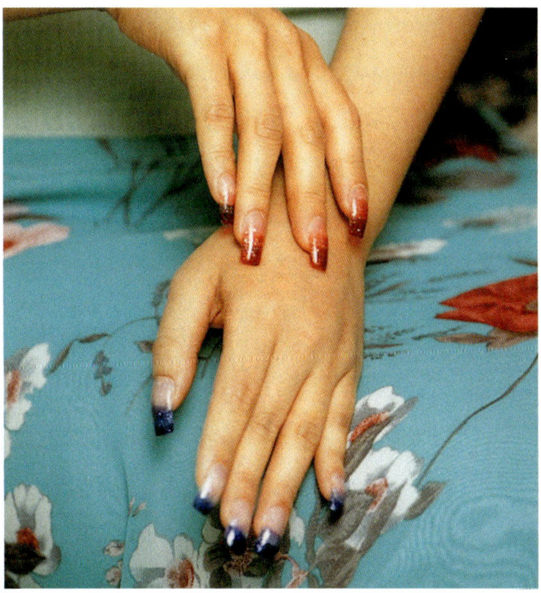

그림 15-11

2. 필름 자개를 이용한 스컬프처드(네일)

일반 스컬프처드와 달리 필름 자개을 이용한 느낌은 프리 에지 밑 부분이 쪼개져 보이는 색다른 느낌을 준다. 엠보싱 처리를 한 것 같아 젊은 여성층에게 인기가 높다.

그림 15-12 다양한 컬러의 필름 자개

(1) 재료(준비물)

매니큐어링 준비물, Form(아크릴 폼), 컬러 리퀴드, 아크릴 파우더, 아크릴 브러시, 디팬디쉬, 프라이머, 필름 자개, 브러시크리너, 파일, 샌딩블럭 등.

(2) 시술 순서

① 먼저 매니큐어링을 마친다(손톱 모양을 폼에 맞춰서 잡는다).
② 손톱에 유분기를 제거한다.
③ 아크릴 폼을 손톱 밑 프리 에지 부분에 끼운다(프라이머를 바른후).
④ 준비된 호일을 폼 위에 접착이 잘 되도록 움직이지 않게 글구를 폼 위에 살짝 바른 후 필름 자개를 고정시킨다.
⑤ 고정시킨 호일 위에 아크릴 컬러 리퀴드를 이용 파우더(클리어)로 프리 에지 밑 부분부터 손톱을 만든 후
⑥ 손톱 위쪽(큐티클 부분)에서 스마일라인 쪽까지 클리어 파우더를 올린 후
⑦ 마른 것을 확인하고 파일링을 한다(이물질을 제거한다).
⑧ 큐티클 부분을 푸셔로 정리한 후
⑨ 소독 후
⑩ Top-coat(아크릴 전용)를 발라 자외선에 변색을 막아준다.

3. 얼음으로 장식한 듯한 라인 스톤

손가락이 짧은 사람, 손톱이 못생긴 사람이라면 한번쯤 손에 대해 고민한 적이 있을 것이다. 흔히 네일 아트는 '예쁜손' 에 치장하는 것으로 인식되어 있지만, 실제로는 그렇지 않다. 만약 '예쁜손' 이라면 네일 아트가 액세서리 정도로 작용하지만, 손톱이 건강하지 못하거나 못생겨 고민이라면 네일 아트는 필수적인 뷰티 아이템이다. '손이 못난' 사람이라도 네일 아트를 통해 아름다워질 수 있는 권리가 있다는 것을 잊지 말아야 한다.

이번에 소개하고자 하는 네일 테크닉은 '라인 스톤' . 여름철 보석, 큐빅은 한층 더 시원함을 연출하는 액세서리 중 하나. 헤어핀, 목걸이, 귀걸이, 팔찌, 반지에서 신발과 의상 등에 이르기까지 그 사용 범위가 넓어진 것은 오래전의 일인데, 이젠 손톱에도 보석의 아름다움을 연출해 보자. 네일 테크닉의 기본인 '네일 케어' 단계를 거쳐 '인조 팁' 을 붙이고 그 위에 '실크' 로 손톱을 깨끗하게 정리한 뒤, '라인 스톤' 으로 포인트를 주는 것이 테크닉의 과정이다.

① 손에 남아 있는 균을 없애기 위해 소독제로 소독한 뒤 기존의 컬러를 리무버로 지운다. 이 때 유분기가 함께 제거된다.

* 소독시 고객, 시술자 모두 소독한다.

② 손톱을 자른 후, 우드파일로 손톱 모양을 잡는다.

③ 물에 큐티클을 불린 후 큐티클 오일을 큐티클 부분에 바른다.

④ 푸셔로 큐티클을 밀어 정리한다.

⑤ 니퍼로 정리되지 않은 큐티클을 잘라낸다.

⑥ 팔에서 손까지 마사지 크림으로 마사지한다.

⑦ 마사지 크림을 닦아낸 후 큐티클, 손끝 밑 부분에 남아있는 유분기를 제거한다.

⑧ 샌딩 블럭을 이용해 손톱을 문질러 유분기를 제거한다.

⑨ 손톱 모양과 사이즈가 맞는 팁을 골라 손톱에 부착한다.

⑩ 팁 턱선 제거. 파일로 문질러 손톱과 팁이 연결된 둔탁한 부분을 매끄럽게 정리 샌딩파일로 다시 한번 마무리한다.

⑪ 실크를 손톱에 맞는 크기로 잘라 접착한다.

⑫ 글루를 손톱 위에 부착된 실크에 전체적으로 도포한다. 글루 드라이어로 말린 후 파일로 매끄럽게 정리한 다음 오일을 발라준다.

⑬ 베이스 코트를 바른 후 원하는 컬러 에나멜을 바른다.

⑭ 스톤을 붙여야 한 자리에 탑 코트 또는 글루를 얇게 바른다.

⑮ 툴을 이용해 스톤을 찍어 자리를 잡는다.

* 스톤을 잘 찍기 위해 툴에도 탑 코트를 약간 묻힌다.

4. 포인트 네일 아트 워터 데칼

그림 15-13 워터 데칼 Art

여름이면 가늘고 긴 팔과 예쁜손이 미의 기준이 되기 마련이다. 이런 때 네일을 예쁘게 가꾼다면 화려한 보석을 장식한 것 이상의 효과를 낼 수 있다. 특히 시원한 느낌을 주는 '워터 데칼' 은 여름에 더 인기다. 각양각색의 스티커만 붙이면 간단하게 끝나는 포인트 네일 아트, 워터 데칼에 대해 알아본다.

늘씬한 다리 만큼이나 가늘고 긴 손가락, 그리고 아름다운 손톱도 섹시함의 상징으로 여겨진다. 밉고 상한 손과 손톱에 대해 걱정하고 있다면 네일 아트를 권해본다. 토털 룩이 강조되는 시대, 패션의 완성으로 여겨지는 네일 아트는 최근에 그 붐이 일어날 정도로 여성들의 사랑을 받고 있다. 단순히 큐티클 정리나 컬러를 시술하는 네일 케어에서 나아가 계절별로 어울리는 네일 아트의 매뉴가 다양하게 있으므로 올 여름 패션의 완성은 네일 아트로 표현해 보는 것도 좋겠다.

네일 아트의 기본은 네일 케어. 네일 케어는 손톱과 손톱 주의의 피부를 손질하는 것으로 손톱의 길이와 모양을 조절하고, 손톱 표면에 광택을 준다. 또 큐티클 라인을 정리하고 손피부와 손과 연결된 근육들에 영양을 공급해 준다. 네일 케어가 없이 네일 아트를 할 수는 없다. 기본적으로 깔끔하게 정리된 손톱과 건강해 보이는 손만이 아름다운 네일 아트를 소화해 낼 수 있다.

① 손에 남아 있는 균들을 없애주기 위해 소독한다.

② 손톱에 남아있는 기존 컬러를 지운다.

③ 손톱을 적당한 사이즈로 잘라낸다.

④ 파일을 사용해 손톱의 형태를 잡는다.

⑤ 큐티클을 불리기 위해 2~3분 정도 손을 담근다.

⑥ 물에 불려진 각질층 큐티클에 오일을 바른다.

⑦ 푸셔를 사용해 45도 각도로 큐티클을 밀어준다.

⑧ 니퍼를 큐티클과 각질을 깔끔하게 제거한다.

⑨ 베이스를 바른 후 컬러를 바른다.

* 베이스를 바르는 이유 : 각질 제거후 컬러를 바로 바르면 손톱이 노랗게 변색되고, 제 컬러가 나오지 않기 때문. 베이스 코트를 바른후 원하는 컬러의 네일 에나멜을 두 번 정도 바른다.

⑩ Nail dryer로 손을 말린다(자연 상태로 30분 정도 소요).

⑪ 워터 데칼 스티커를 2~3분 정도 물에 불린다(불린 스티커를 툴이나 핀셋을 이용 손톱 위에 올린다).

⑫ 스티커를 붙이고 Top Coat를 바른다.

⑬ 간단하고 손쉬운 포인트 네일, 워터 데칼 완성.

5. 투명 Tip 이용 자개 아크릴 네일

(1) 준비물

매니큐어링 준비물 외, 아크릴 파우더, 아크릴 리퀴드, 아크릴 브러시, 미니 브러시, 오렌지우드 스틱, 프라이머, 파일, 샌딩블럭, Top coat, 자개 가루 또는 자개, 디팬디쉬 등

그림 15-14 자개 가루

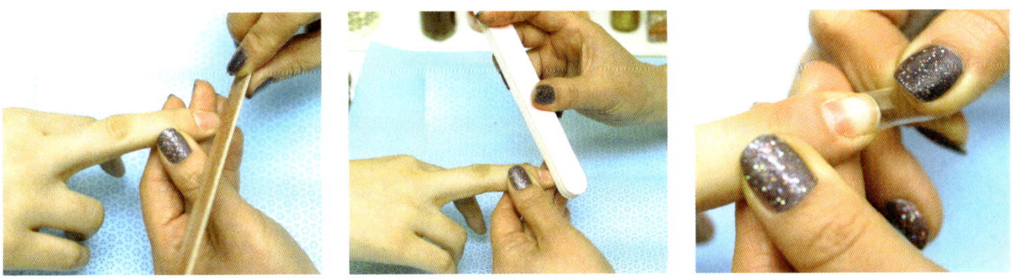

① 손톱 모양 만들기 ② 유분기 제거 ③ 팁 접착

그림 15-15 (계속)

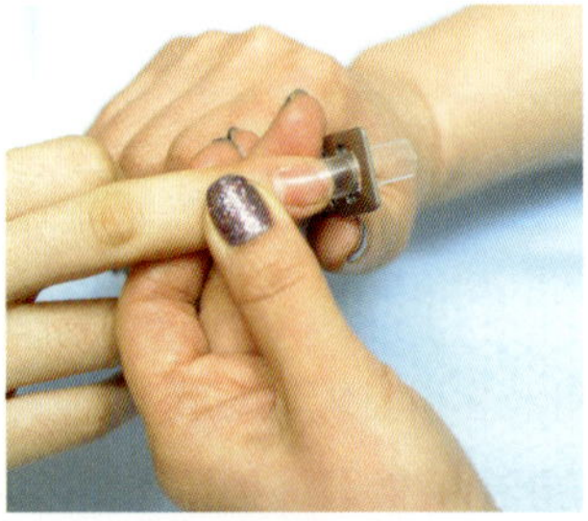

④ 팁 커팅

⑤ 프라이머 바르기

⑥ 아크릴 파우더 입히기

⑦ 자개 가루 올리기

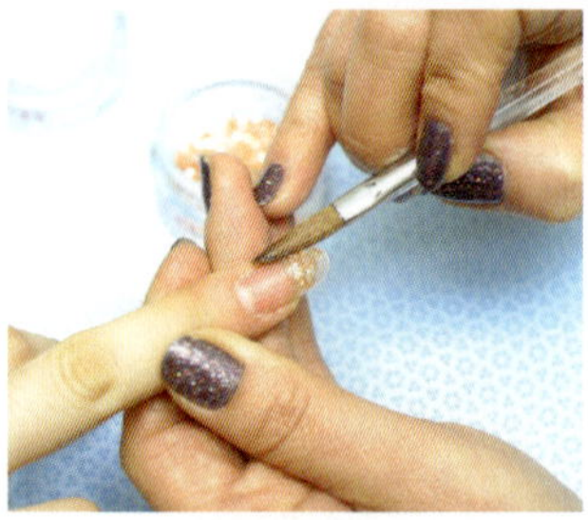

⑧ 자개 올리기

⑨ 아크릴 클리어 파우더 전체 올리기

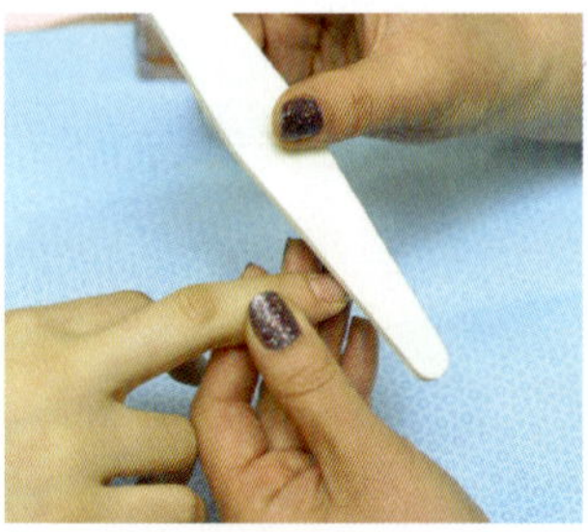

⑩ 파일링 하기

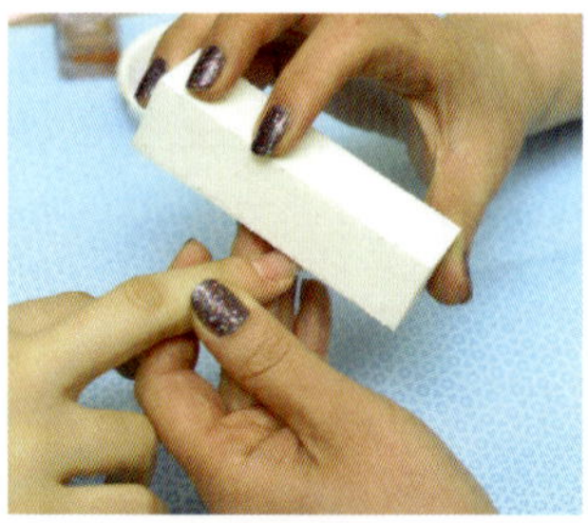

⑪ 매끄럽게 정리

⑫ Top coat 바른 후

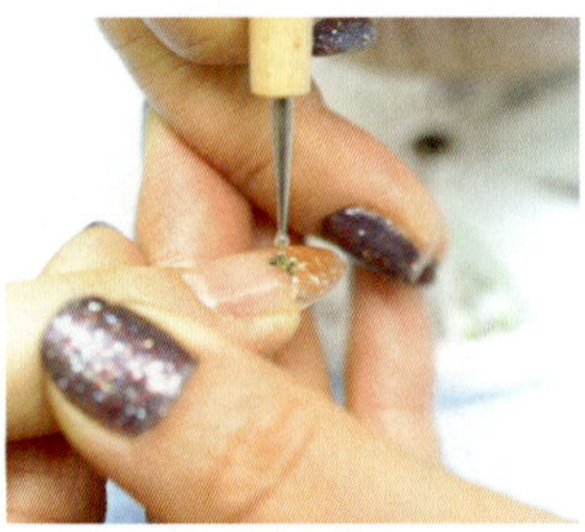

⑬ 스톤 작업

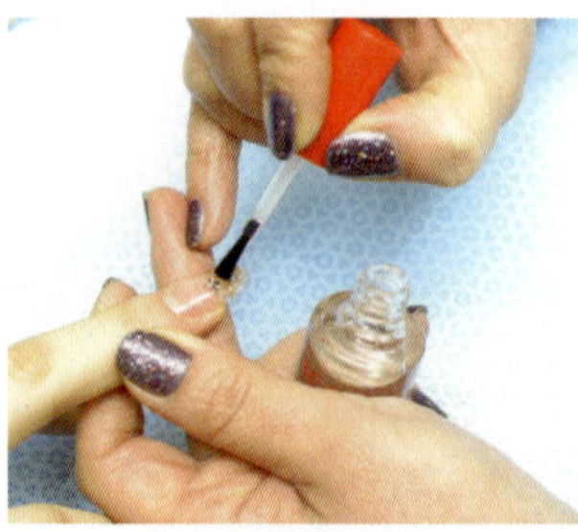

⑭ 마무리

그림 15-15

그림 15-16 완성된 자개 아크릴

제 5 부 네일 기술 사업

16 살롱 경영 (Salon Business)

그림 16-1

1. 개론

당신은 30억불 규모의 네일 미용산업의 일원이 되기 위하여 교육을 받고 있는 중이다. 그러나 당신이 금전적으로 성공하려면 매니큐어, 페디큐어 또는 인조 네일 서비스를 고객에게 제공해 주는 것 이외로 더 많은 사항들을 알아두어야만 한다. 당신은 좋은 성품을 가진 경영인이어야 하고, 고객으로부터 서비스를 요구 받은 그 순간부터 얼마의 대가를 받을 수 있는가를 상담해야 하며, 또한 고객을 만족시켜주고 관계를 발전시키면서 부수입이라 할 수 있는 팁이나 커미션도 기대할 수 있다.

당신이 자신의 살롱을 개업하려 결심한다면 모든 복잡한 사항들이 당신 자신의 책임 하에 이루어져야 한다. 예컨대 장소의 임대, 또는 구입, 전기, 수도, 전화 등의 유틸리티와 광고, 안전시설 비용, 각종 세금, 그리고 고용인들의 보수 등을 책임져야만 할 것이다. 당신 자신은 잘 훈련된 미용 기술자이나 경영을 잘못하면 다른 곳에서 고용되어 일하는 것 보다 적은 수입을 얻게 되는 경우도 생길 것이다.

2. 당신의 작업 환경

좋은 경영의 감각은 당신이 맨 처음 시작하려는 사업에 관한 결심을 좌우한다. 풀 서비스 살롱에서 개업할 것인가 또는 네일 전문 살롱으로 할 것인가. 거기에는 장점과 단점들이 따른다.

1) 풀 서비스 살롱(full service salon)

그 살롱이 매우 크거나 경영이 매우 성공적이 아닌 이상 풀 서비스 살롱에서는 한 사람의 디자이너만을 고용하고 있다. 작업 분담은 매우 간단하다. 한 사람은 네일을 전담하고 다른 한 사람은 살롱 경영을 전달함으로써 고객은 네일 미용을 하는 동안 동시에 머리나 피부미용을 받을 수 있다.

또한 광고를 할 때에 어느 한쪽을 염가봉사한다는 식으로 하여 고객의 흥미를 끌 수 있을 것이다. 단점은 어느 쪽이든 전문분야 사람이 하나밖에 없음으로 기술과 경험을 함께 나눌 수 없고 만약 네일 디자이너가 결근을 하거나 휴가를 갔을 경우에는 불완전한 가게의 운영이 되고 마는 것이다. 또한 만약 그 살롱이 전통적으로 보수적인 여건 아래에서 운영되고 있는 곳이라면 인조 네일 서비스의 종류에도 제약을 받을 것이다.

2) 네일 전문 살롱(nail only salon)

네일 전문 살롱에서는 보통 여러 명의 디자이너들을 고용하고 있으므로 경험과 기술을 상호 교환할 수 있음은 물론 누가 결근, 휴가 또는 은퇴하더라도 큰 어려움 없이 운영해 나갈 수가 있을 것이다.

네일 전문 살롱을 찾는 고객들은 네일 미용을 풀 서비스 살롱보다 더 전문전인 곳에 가서 서비스를 받겠다는 심각성을 가지고 찾아오는 분들이 많이 있을 것이다. 그런 고객은 네일에 어떤 문제가 있다거나 또는 좀더 창작적인 미용을 받기 위해 오는 분들도 있을 것인데, 만약 이런 경우라면 당신은 값진 경험을 쌓게 될 것이다. 네일 전문 살롱은 네일 디자이너가 고객들과 특정 관계(단골 등)로 발전시킬 수 있는 곳이다. 반면에 단점은 그 지역에 많은 네일 디자이너들이 있으면 심한 경쟁이 있을 것이다.

3) 당신이 결심을 하려면

당신이 결심을 하기 전에 몇 개의 개업중인 살롱(풀 서비스와 네일 전문)을 찾아가 볼 것이며, 그들의 작업환경을 관찰하고 어느 쪽이 나에게 적당할 것인가를 선택해야 한다. 당신은 결심 전에 어떤 점들을 검토해야 할 것인가를 다음과 같다.

① 그 살롱에서 더 추가되는 교육훈련을 제공받을 수 있는 것인지 또한 외부 교육을 받으러 나가는 것을 즐겨하고 후원해 주는지?

② 당신이 고객과의 특수관계를 발전시키는 것을 도와주는지, 그들은 염가봉사 등의 광고를 위한 선전비를 쓰고 있는지, 그리고 고객을 소개(연결)시켜주는지?

③ 당신은 고용인(유급) 취급인지, 또는 자리(booth) 하나를 월세를 내고 빌리는 식의 독립된 계약관계인지, 그런 경우 자리의 월세는 얼마나 되는지?

④ 만약에 고용될 경우 보수는 어떻게 지급되는지, 주급을 받게 되는지, 그리고 또 커미션이 있는 것인가? 또 당신이 판매한 제품들의 커미션이 있는가? 그리고 일정 보수를 받는 경우 정기적인 보수 제조정이 있는 것인가?

⑤ 네일 제품에 소요되는 제품들을 살롱 측에서 제공하는지 아니면 당신 자신이 가져와야 하는지?

⑥ 살롱 측이 부수 이익, 예컨대 의료비 보조, 생명보험 등의 부수 보조와 그리고 병으로 인한 결근시에 보수는 있는 것인가?
⑦ 근무시간은 고정된 것인지, 아니면 융통성이 있는 것인가?
⑧ 근무복장 규정 같은 것이 있는지, 또는 자유복인지?
⑨ 정규적인 휴가철에 살롱의 문을 닫는 것인지, 아니면 개개의 디자이너들이 돌아가면서 휴가를 다녀오는 것인지?
⑩ 그 살롱의 평판은 어떤지? 발전하는 살롱에서 일을 하면 동료들로부터 좋은 기술도 배울 수 있고 좋은 고객 관계를 발전시킬 수도 있으며 또 경영주의 성공적인 경영의 비결과 재주도 배울 수 있는 이점이 있는 법이다.
⑪ 살롱의 근무 환경은 안전한지?
ⓐ 공기조종시설은 잘되어 있는지? 예컨대 내부의 나쁜 공기를 밖으로 내보내는 장식 등.
ⓑ MSDS(Material Safety Dats Sheet, 위험물질 안전취급요령 기준표)는 잘 계시되고 있는지, 또는 고용인들이 쉽게 볼 수 있게 되어 있는지?
ⓒ 네일 작업 스테이션은 모든 것을 제대로 잘 갖추고 있는지, 심지어 자주 바꿔 줘야 하는 플라스틱 봉지에 이르기까지.
ⓓ 작업중인 디자이너는 먼지를 막아주는 마스크를 착용해야 하는 것인지?
ⓔ 작업중인 디자이너는 보안경을 착용하도록 되어 있는지?
ⓕ 에어로졸(aerosol) 스프레이를 사용하고 있는지, 또는 그밖에 다른 안전한 방법을 쓰고 있는지, 혹은 스프레이 대신 펌프나 한 방울씩 따라 쓰는 방식을 쓰고 있는지?
ⓖ 살롱 근무자들이 비상시 대피 절차는 준비되어 있는지? 긴급시에 필요한 전화번호들, 예를 들면 독소 처리반(poison control), 소방서, 경찰서 등의 전화번호들이 잘 보이는 곳에 계시되어 있는지?

3. 개인기록 유지

살롱에서 요구를 하지 않더라도 당신 자신을 위하여 혹은 필요에 의해 수입과 지출 내역을 기록하게 될 것이다. 영수증(receipts), 운송장(invoices), 무효된 수표(cancelled checks)등을 보관한다. 기본적으로 수입(income)은 돈을 벌어들이는 것이고, 지출(expenses)은 얼마를 쓰는가를 뜻하는 것이다. 주요한 것은 예약 기록부(appointment calendar).

① 수입(income)
② 지출(expenses)
③ 예약(appointment)

4. 살롱 경영을 위한 각종 기록을 알아두자

대부분의 네일 살롱들은 세금 및 법이 요구하는 경리 관련 기록을 정확히 갖추기 위하여 공인회계사에게 작업을 의뢰하고 있다. 그러한 기록들은 다음 사항들에게도 긴요하게 쓰이는 것이다.

① 수입, 지출, 이익 또는 손실이 얼마나 되는지 확인해 준다.
② 정기적인 고객이 얼마나 되는가에 따른 평가와 혹시 살롱을 매입하고자 나서는 사람에게 제시할 수 있는 무형의 자산가치 평가.
③ 은행으로부터 자금 대출을 받을 때.
④ 소득세(income tax), 사회보장세(social security), 실직수당(unemployment), 상해보험(disability insurances) 등을 계산해 낸다.

살롱의 매일매일의 판매 전표, 고객 예약 기록부, 현찰 기록(petty cash) 등을 최소한 일년, 인건비 지급 기록, 지불된 수표(cancelled check)의 월별 및 년간 기록과 서비스와 재고 조사 기록은 세무 관계 증빙용 서류는 보관하여야 한다.

1) 비지니스 기록의 사용

정확한 기록 유지는 당신을 도와줄 것이며 또한 살롱의 고용주는 당신으로부터 아래와 같은 값진 자료들을 모아갈 것이다.

① 주간, 월간, 그리고 년간의 손익 비교. 일정 기간을 두고 볼 때 고객이 많은 기간과 반대로 고객이 적은 기간을 파악하여 고객이 적을 때는 구매를 적게 하여 재고를 줄이고 반대로 바쁜 계절에는 적절하게 재고를 많이 준비하는 등의 대처를 할 수 있다. 또 한가할 때에 맞추어 휴가 계획을 잡는다거나 바쁜 기간에는 전 직원 동원 준비를 하는 등의 현명한 대

책을 세울 수 있을 것이다.

② 고객의 요청이 많아지면 거기에 능동적으로 대처한다. 고객이 많아지고 또 요구되는 서비스가 많아지면 그 요청을 만족시켜 줄 수 있도록 디자이너를 더 고용한다던가 하여 대처한다.

③ 재고조사(inventory). 만약 당신이 창고에 보관중인 물품의 제고 기록을 정확하게 유지하고 있다면 적절한 수준 이상으로 보유하는 데서 나오는 경비를 그만큼 절약할 수 있는 것이다. 이 말은 당신이 살롱에서 필요로 하는 물품을 필요 이상으로 더 많이, 혹은 너무 적게 가지고 있다는 뜻이 아니다. 매일매일의 재고조사는 혹시 있을지도 모르는 도난이나 어떤 손실을 즉시 알 수 있을 것이다.

④ 순수입(Net income). 이는 수입금에서 지출된 경비를 제한 액수, 즉 세금을 제하지 않는 상태의 수익 금액이다. 이 세전 수익금의 정확한 기록은 연말에 당신의 비지니스 자산 평가를 하는데 큰 도움을 주는 것이다.

⑤ 물자와 재료의 보유 수준, 소모품, 미용 재료 등의 정확한 재고 기록 및 사용 기록은 성업기와 비성업기에 맞추어 적절한 재고를 확보하는데 도움을 주고 아울러 경비 절약에 도움을 주는 것이다.

2) 고객 관리 기록의 유지

고객 관리 기록은 해당 고객에게 언제, 어떠한 서비스를 해주었고 어떠한 미용품을 판매했는가를 기록한다. 이와 같은 기록은 고객의 성명, 주소, 일자, 지불 액수, 전화번호, 서비스에 어떤 미용 재료를 사용하였으며 결과는 어떠했는지, 고객의 좋아하는 것과 선호심 등이 포함되어야 하며, 대부분의 살롱에서는 고객 관리를 파일(file) 시스템에 기록 유지하거나, 비망록에 고객별 서비스 기록을 하고 있다. 이와 같은 고객별 서비스 기록은 해당 고객의 서명을 받은 사전 승낙 없이는 공개될 수 없는 것이다.

또한 그 고객 관리 기록을 정확하게 기록하고 있다면, 어느 고객에게 늘 서비스를 하던 디자이너가 유고시에 다른 디자이너가 대신 서비스를 하게 될 때 바로 고객이 원하는 것을 정확하고 능률적으로 해 줄 수 있을 것이다. 고객의 건강 기록카드는 고객 개인의 사적인 사항들을 많이 기록하고 있다. 예컨대 무슨 일에 종사하는 사람인지, 취미는 무엇이고 어떤 스포츠를 즐기는지 등의(물론 공개할 수 없는 기록) 사적인 사항들을(건강/미용 기록 이외의) 기록하고 있다. 당신은 고객을 맞는 아침부터 그 기록을 읽는 것으로 시작을 하기 바란다. 작업 중에 해당 고객의 취미와 홍미에 대한 대화를 하면 그가 인정받고 기억

해주는데 대하여 기뻐하고 고마워할 것이다. 고객 관리 기록에 관하여는 제8장에서 완벽하게 거론되었다.

3) 재고 조사 기록의 유지

매일 변하는 재고 물량을 조사하여 파악할 것이다. 분류는 용도와 소매 가격 표시를 하는 것이 좋다. 살롱 영업에서 소모되는 것은 콘썸션 서플라이라고 하고, 고객에게 판매하는 것은 리테일 서플라이라고 분류한다.

5. 예약의 접수

당신 살롱의 시스템에 따라 당신이 직접 예약을 받는지, 아니면 접수 담당자가 예약을 받는 지에 따라 달라질 것이나 예약에 관한 정확한 기록 유지는 혼돈을 피하고 예약을 초과하여 당하게 될 당황을 피할 수 있을 것이며, 고객과 살롱과의 시간 착오로 고객이 지루하게 기다리는 것을 피 할 수 있는 등 많은 도움을 얻을 수 있을 것이다. 어느 누가 예약을 받든지 아래 사항들을 반드시 지켜야 할 것이다.

① 항상 예약 접수 기록부와 연필, 지우개, 캘린더, 펜 그리고 메모지는 준비되어 있어야 한다.
② 전화벨이 울리면 즉시 받아야 한다. 전화를 받을 때나 고객이 접수대 앞에 섰을 때 즉시 맞이하여 기다리는 일이 없도록 해야 한다.
③ 전화를 받을 때 당신이 누구인가와 살롱의 이름을 먼저 말해야 한다.
④ 언제나 상냥해야 한다. 고객에게 당신이 그와 대화하는 것을 좋아하는 것으로 생각하도록 행동할 것이다.
⑤ 예약을 받을 때 다음 사항들을 분명하게 받아야 한다. 고객의 성명, 전화번호, 어떤 서비스를 원하는지, 예약 일자와 시간, 이상의 사항들을 접수한 다음 고객에게 그 내용을 분명하게 다시 읽어 주고 카렌다에 표시한다.
⑥ 분명하게 말하라. 큰소리를 내거나 입속에서 우물우물하지 말고 조용하고 분명하게 말할 것이며 지방 사투리의 사용은 피해야 한다.
⑦ 재치 있고 예의 바르게 이야기하라. 또한 고객의 이름을 부를 때는 성(last name)을 부를 것이다.

⑧ 만약 당신이 예약을 받아야 할 만큼 바쁘면 다음날 예약되어 있는 고객에게 전날 저녁에 전화하여 내일의 예약 시간을 재확인해 줌으로써 서로가 편리하며, 또한 약속 시간에 오지 않는 고객의 숫자를 줄이게 될 것이다.

⑨ 예약을 받은 후 재확인을 위해 예약 시간을 재조정하지 않아도 되겠습니까? 라고 의견 문의를 할 것이다.

6. 조금 더 수고하여 부가가치를 높인다

오늘날 우리가 살고 있는 이 경쟁 사회에서 조금만 더 신경을 쓰고 노력하면 탈락을 면하고 일어설 수 있다. 다음은 당신이 하고 있는 네일 서비스에 조금 더 가치를 높여 줄 수 있는 권장 사항들이다.

① 무료 보석류 닦아주기

네일 서비스를 한 다음 고객의 반지가 깨끗하게 반짝거리면 무척 기뻐할 것이다. 고객이 네일 미용을 하는 동안 반지를 보석류 세척제(jewelry cleaner)에 담궈 놓아 무료로 깨끗하게 닦아준다.

② 대화 환경을 만든다

당신이 미용 작업을 하는 동안 고객이 마음껏 편하게 이야기를 즐길 수 있는 분위기, 즉 고객이 자신의 친구가 방문중이라는 기분이 들도록 만들고, 또한 그의 친구도 함께 와서 예약하도록 권유해 본다.

③ 아로마데라피(향료를 사용한 aromatherqpy) 핸드 마사지

당신이 시간 여유가 있을 때 매니큐어 고객에게 약 3분이면 가능한 아로마데라피 핸드 마사지를 무료 봉사함으로써 서비스의 부가가치를 높여준다. 고객의 손을 풀어준 다음 아로마데라피 오일을 바르고 마사지한다.

④ 겨울철 손에 습기주기와 손 데워주기

고객이 기다리는 동안 건조한 손(피부)에 습기를 쏘여 주거나 손을 따뜻하게 하는 등의 무료 봉사는 기다리는 고객의 지루함도 겸하여 없애줄 것이다.

그림 16-2

17 네일 제품의 판매와 서비스

그림 17-1

1. 개론

당신이 우수한 디자이너가 되려면 우수한 네일 제품 판매 요원이 되어야만 한다. 당신이 제공한 미용 서비스와 고객의 네일 작품이 모두 당신의 책임으로 최고의 가치를 유지시키도록 해야 하며 그것을 위하여 고객이 사용하는 네일 제품도 당신이 책임져야 하는 것이다. 당신은 최초의 판매 고가, 기초적인 판매 목표를 달성하면 성공적인 것이다.

고객의 필요에 응하기 위해 당신의 네일 제품을 판매하고 서비스를 제공하는 방법들은 제16장에서 기술하고 있고, 아래는 기본적인 5가지 절차이다.

① 당신의 네일 제품과 서비스에 대하여 당신 자신이 먼저 알아야 한다.
② 고객이 무엇을 필요로 하고 원하는지를 알아야 한다.
③ 당신의 네일 제품과 서비스를 고객에게 제시할 것이다.
④ 고객의 질문에 대하여 적절한 응답을 할 수 있어야 하고, 만약 이견을 말할 때는 매우 부드럽게 해라.
⑤ 판매를 완료하라.

2. 네일 제품과 서비스를 당신이 먼저 배운다

고객에게 가장 적당하다고 판단되는 네일 제품을 사용할 것이며, 또 하나 고객이 필요하다고 원하는 네일 제품을 쓰게 될 것이다. 또한 그가 가정에서 당신의 미용 작품을 최상의 상태로 유지하도록 적절한 네일 제품을 권하여 판매하도록 한다. 네일 제품과 서비스의 특징과 이점을 알아두어야 한다.

1) 특징(features)

각 제품의 특징은 상표(labels)나 사용 설명서, 제조회사가 발행한 제품 설명서 등을 읽고 연구하기 바란다. 반드시 그 네일 제품의 함유물이 무엇이며 안전주의 사항들이 무엇인가를 파악하고, 그것을 사용하여 어떻게 미용 작업을 하고 어떻게 유지하는가를 설명서대로 따를 것이다. 네일 서비스의 특징은 미용법과 소요 시간, 어떤 화학물질을 사용하는가, 가격은 얼마이고 고객의 네일에게 주는 영향과 얼마나 자주 보수 미용을 해야 하는가를 포함할 것이다.

예를 들면 위에서의 유색 젤 미용의 특징/특색은 그것이 질기고 오래 견딘다, 가볍다, 색상이 여러 가지로 나오고 있다는 것 등이 포함될 것이고, 라이트 큐어드 젤 미용은 약 30분이 걸리며, 아크릴계열의 젤 미용은 특수광선을 사용하는데 네일의 건강에 아무런 장애가 없는 것이며, 약 3~4주에 한번씩 보수 미용이 필요하다.

2) 이득/이점(bunefits)

베네핏(benefits)이라 함은 네일 제품이나 서비스가 고객을 위하여 어떠한 작용을 하며, 고객의 필요와 요구를 만족시켜 주는가를 말해주는 것이다. 예컨대 네일 팁 위에 실시하는 유색 젤 미용은 길고 아름다운 네일은 언제 보아도 새롭고 아름다우며, 가볍고, 다녀도 불편함을 모르며, 보통 일주일에 한번씩 보수 미용을 하는 것과 달리 이것은 2, 3주에 한번씩만 보수를 해주면 되는 이점이 있다. 당신은 고객의 필요함과 소원을 만족시켜주기 위해 당신의 서비스와 네일 제품의 특징을 이점/이득으로 전환을 잘 시켜나감으로써 훌륭한 판매 요원이 될 것이다.

3. 고객의 요구와 필요를 알자

당신의 서비스나 네일 제품을 판매하려면 고객의 네일이 무엇을 필요로 하는가를 파악해서 그에 맞추도록 노력하는 것이 매우 중요하다. 그와 같은 필요는 고객과의 상담(제8장 참조)에서 파악될 수 있는 것이다. 고객을 관찰하면서 대화 중에 당신은 다음과 같은 사항들의 질문과 대답을 원하게 될 것이다.

① 당신의 고객은 특별한 문제가 있는가
② 고객의 생활 습성은 어떠한가
③ 특별한 행사에 참석하기 위해 미용하려는 것인지

1) 당신의 네일 제품과 서비스를 제시하라

두 가지의 강력한 판매를 위한 기회가 있다. 하나는 미용 작업 중에 고객과의 대화에서 네일 제품과 서비스를 제시할 수 있고, 둘째는 당신의 작업 스테이션 근처에 네일 제품과 서비스를 멋지게 전시하는 것이다.

(1) 미용 작업 중에 판매한다

미용 작업 중에 고객에게 당신은 지금 무엇을 하고 있으며 어떤 네일 제품을 사용하고 그 이유는 무엇 때문이라는 것을 말한다. 예를 들면 하나의 미용 절차인 네일의 파일링이나 폴리시 작업을 할 때 이것은 고객이 가정에서 할 수 있는 것이며, 어떻게 사용하며 파일이나 폴리시는 어떤 것을 구입함이 좋을 것인가를 말해 준다. 또 미용 작업을 하면서 다른 미용 서비스의 특징과 이점, 가격 비교도 말해주고 만약 지금 아크릴 네일 미용을 하고 있다면 랩핑 미용과 젤 미용을 비교, 설명해 주면 그 고객이 다음에는 새로 소개한 미용을 하려고 할 것이다.

(2) 제공할 수 있는 서비스를 나열 · 제시한다

당신이 제공하는 서비스 목록을 멋있고 분명하게 만들어 당신의 작업 테이블 옆에 전시하라. 거기에는 제공되는 서비스의 목록과 가격을 명시한다. 첨가하여 작업의 소요시간, 특징, 그리고 장점이 무엇인가를 표시하면 더욱 좋을 것이다.

2) 네일 제품의 전시

고객들이 미용을 하는 동안 잘 보이는 곳에 멋있고 세련되게 당신의 네일 제품을 전시하여 판매를 촉진한다. 아울러 고객의 손이 닿는 가까운 곳에 작은 제품 소개용 인쇄물을 비치하여 고객이 읽거나 가져가게 하는 수도 있다. 다행이 제품이 무료 샘플이 준비되어 있다면 시험해 보라고 주는 방법도 있다.

(1) 절대로 기권하지 말라

고객이 다음 방문 때까지 가정에서 분명히 필요한 것들이 많다. 탑 코트, 폴리시, 핸드크림, 폴리시 제거제, 큐티클 오일 등은 고객의 네일을 아름답게 유지하기 위하여 필요한 것이다.

(2) 가정용 네일제품 키트(kits)는 큰 이익을 준다

단 한 병의 폴리시를 판매해도 이익은 있다. 그러나 가정용으로 여러 가지 품목을 모아서 만든 종합 미용 키트(kits)의 이익은 매우 큰 것이다. 당신 자신이 고객들을 위하여 그런 미용 키트를 구성할 수도 있다. 네일 팁 미용을 한 고객을 위한 가정용 키트(kits)는 비상용 네일 접착제(nail glue), 폴리시(touchup polish), 네일 파일(nail file), 버퍼, 그리고 비아세톤계의 제거제를 꼭 포함시켜야 한다. 일상적인 핸드 케어(hand care)에서는 네일 접착제(nail glue)를 핸드 로션으로 대용할 수 있다. 페디큐어를 위한 가정용 종합 미용 키트는 발 파일(foot file) 또는 푸미스 스톤(pumice stone), 그리고 곰팡이 방지 스프레이(antifungal spray), 스러잉 로션(sloughing lotion), 컨디셔닝 로션(conditioning lotion), 발 목욕용 로션(footbath lotion) 또는 피로한 발을 불리는 데 사용되는 소금(salt)을 반드시 포함시켜야 한다. 당신이 조금만 더 생각을 하면 어떤 특별한 경우에 사용할 수 있는 종합 키트를 구성해 낼 수 있을 것이다. 결혼 직후 밀월 여행용, 휴가철용, 여행용 등은 고객들의 필요를 만족시켜 주고 당신에게는 많은 수익을 올리게 해줄 것이다.

3) 질문과 이견에 답변 요령

당신의 서비스와 네일 제품에 관한 고객의 질문 또는 이견에 슬기롭게 답변할 준비를 해야 한다.

(1) 질문(questions)

고객은 어느 폴리시의 색상이 독특한 것인가? 미술적 네일 미용은 어떤 것이며 어떻게 하는 것인가? 어떤 재료를 사용하며 장점과 단점은 무엇인가? 시간은 얼마나 걸리나? 네일이 갑자기 깨지면 어떻게 응급 대처하는가? 등의 많은 질문을 해올 것이다. 이에 대하여 항상 대답할 준비가 되어 있어야 한다. 만약 모르는 것이 있을 때는 모르겠다고 대답한 후 속히 알아보고 적절한 답변을 해줄 것이다.

(2) 이견(objections)

서비스나 또는 판매품에 대한 고객의 이견을 조금도 겁낼 필요가 없다. 고객은 당신의 물품이나 서비스의 가격, 소요 시간, 결과 또는 자주 있는 특정 보수 미용에 대하여 이견을 제시할 수 있으므로 당황하지 말고 아주 상냥하고 솔직하게 어느 네일 제품이나 서비스의 장점을 단점과 비교하면서 자세히 설명함으로써 납득을 시켜야 한다. 만약 고객의 이의(異意)가 타당한 것이면 솔직히 받아들이고 차선의 물품이나 서비스를 권한다.

고객이 어느 네일 제품이나 서비스를 구매하기로 결심하면 그 판매는 끝나는 것이다. 네일 제품이나 네일 서비스의 판매 완료에는 세 가지의 기본적인 절차가 있다.

① 권유하여 판매한다.
② 물품을 포장해 준다.
③ 다음 예약을 접수한다.

4) 권유 판매(suggestion selling)

네일 제품이나 서비스를 고객이 구입하도록 권유하기 시작한 시점에서 이미 판매 행위에 들어간 것이다. 미용 작업을 마친 다음 고객이 다음 방문 때까지 고객의 네일 미용을 잘 보존하기 위하여 가정에서 사용하는 것이 좋을 것이라고 인정되는 네일 제품을 권유 판매할 것이다. 고객이 떠나기 전에 다른 서비스를 미리 판매할 수도 있다. 예를 들면 손의 피부가 몹시 상하여 거친 고객에게 손을 부드럽게 해주는 파라핀을 사용한 치료적 미용을 권유할 수 있을 것이다.

5) 포장(wrap-up)

고객이 구매하기로 결심하면 당신은 포장해 드릴까요? 또한 현찰로 내시겠습니까? 혹은 카드로 내시겠습니까(will this be cash of charge?)라고 물음으로써 판매 행위를 끝난다.

6) 예약 접수

고객이 살롱을 떠나기 전에 오늘 미용한 것을 보수하기 위한 추가 미용 또는 다른 서비스를 위하여 다음 방문의 예약을 접수하며 이를 확실히 하기 위해 당신의 명함에 고객의 성명, 예약 실시를 적어서 고객에게 건네준다. 시간 여유가 있는 사전 예약 제도는 항상 안정된 수의 고객을 받을 수 있으며, 또한 즐거운 고객 관계를 발전시킬 수 있는 것이다.

index 찾아보기

ㅇ

ㅈ

ㅊ

ㅋ

ㅌ

◈ 참고문헌 ◈

1. 이애순 외, 『소독과 전염병학』, 정담미디어
2. 이애순 외, 『인체해부생리학』, 청구문화사

professional **네일아트**

2003년 9월 1일 1판 1쇄 인쇄
2003년 9월 5일 1판 1쇄 발행
2004년 2월 25일 2판 1쇄 발행
2007년 8월 28일 2판 2쇄 발행

지은이: 이은경 · 이애순 · 박선희 · 황선순
박규미 · 김남희 · 명은진

펴낸이: 박 정 태

펴낸곳: **광 문 각**

121-130
서울시 마포구 구수동 42-2 영풍빌딩
등 록: 1991. 5. 31 제12-484호
전화(代): 02)713-2122
팩 스: 02)713-2125
E-mail: kwangmk@unitel.co.kr
홈페이지: www.kwangmoonkag.co.kr

ISBN: 978-89-7093-437-2 93590

정가: 22,000원